# 量子力学入門
## —物質科学の基礎—

星野敏春・浅田寿生
藤間信久・田村　了
古門聡士　　共　著

学術図書出版社

# まえがき

　20世紀は物理学の世紀であった．20世紀初頭の特殊相対性理論とエネルギー量子の発見にはじまる現代物理学の確立により，広大な宇宙からミクロな原子の世界まで統一的な理解が得られるようになってきたのである．そして，原子レベルの世界で主役を演ずる電子の運動を支配する量子力学は，現代の物質観を理解する上できわめて重要である．私たちの身のまわりにあるテレビ，ビデオなどの家電製品やパソコン，携帯電話は，量子力学を基礎とする科学技術の成果で，ミクロの世界で主役を演ずる電子の働きを利用している．さらに，ハイテク（先端技術）から最近のナノテクノロジーなども量子力学を基礎としており，量子コンピュータや量子暗号などの分野においても量子力学による新たな発展が期待されている．このように，今日，日常生活から産業の各分野にいたるまで，われわれは量子力学の恩恵に浴している．量子力学は現代科学の主要部分を構成しておりその理解は現代の教養としても重要になりつつある．

　本テキストは，量子力学の基礎とその応用についての講義用として構成された．1章でミクロな世界の探求の歴史と電子の発見，および，原子の太陽系模型の確立について説明し，2章で古典論の破綻とその解決法を説明する．古典論で説明できない3つの実験—熱放射の実験，光電効果の実験，コンプトン散乱の実験—は，プランクのエネルギー量子とアインシュタインの光量子の考え方で説明できることを学ぶ．さらに，ボーアにより提唱された原子模型がどのように水素原子の線スペクトルを説明したかを学ぶ．3章では，ニュートン力学から量子力学がいかに導出されるかを示す．さらに，4章では，1次元問題での電子の運動を具体的に量子力学で解き，3次元空間でも成り立つ電子の性質を学ぶ．5章では水素原子の場合について説明し，6, 7章で一般の固体への応用について説明する．

　この教科書の特徴は，議論の本筋をまず理解してもらうことを目的としており，数式の導出はなるべく例題で行っている．量子力学の考え方を理解し，その後に数式の導出をやるのがよいと考えているからである．この本を学習することによって，光と電子がなぜ量子として扱われなければならないのかがわか

ii

り，現代の物質科学の基礎を形成している量子力学の面白さを味わっていただけるものと確信している．最後に，著者の希望を快く引き受けて本書を刊行していただいた学術図書出版社の高橋秀治氏に深く感謝する．

2010 年 9 月　　　　　　　　　　　　　　　　　　　　　　　著者

# 目　　次

# 第1章 ◉ ミクロの世界

　私たちは今日，物質はすべて原子の集まりでできていることを知っている．原子の大きさは $10^{-10}$m の程度である．このような，人間が直接目で見たり手で触れて感じたりできない原子の世界をミクロの世界という．ここでは，ミクロの世界の認識がどのようにして確立されてきたか，その歴史に簡単に触れる．

## 1.1　原子の存在

　原子ということばが最初に使われたのはギリシャ時代であった．ギリシャ語でアトム（原子）の「ア」は否定を表し，「トム」は切ることを表すので，アトムとは分割不可能なものを意味する言葉である．ギリシャの哲学者デモクリトスは，この世は無限に広がる空虚な空間と，その中を運動するアトムによってできているとする原子論を主張した．物質にはアトムという最小単位があると考えたのである．一方，同じくギリシャの哲学者アリストテレスは，原子の存在を認めず，世界は連続的な物質でみたされていると考えた．このアリストテレス流の考え方が中世ヨーロッパまでは支配的で，物質が原子からできているという考え方は発展しなかった．

　原子論が実験事実に基づく近代科学として復活したのは 18 世紀以後のことで，それは化学の分野で起きた．定量的な化学分析技術の進歩によって，「定比例の法則（プルースト，1799 年）」，「倍数比例の法則（ドルトン，1803 年）」，「気体反応の法則（ゲイ・リュサック，1809 年）」などが続けて発見された．そして，ドルトンはこれらの結果を総合的に考え，「物質は何か最小単位があり

それらの組み合わせでできあがっている」という近代的な原子論を提案した（1808 年）.

また, 1833 年ファラデーは "電気分解では, 電極に析出する物質の質量は通電した電気量に比例し, 1 グラム当量の物質を析出するのに要する電気量は物質の種類に関係なく一定である" という「電気分解に関するファラデーの法則」を発見した. この法則は, 電気量には最小単位があり, 原子はそれを単位とする電荷をもっていることを示している. また, 1869 年にメンデレーエフは「元素の物理的・化学的性質はさまざまで一見まとまりがないようにみえるが, 元素を原子量の大きさの順に並べれば似た性質をもつ元素が周期的に現れる」ことを発見した. これが元素の周期表の始まりである. このように原子の存在が明らかとなり, 原子に構造があることも確かになってきた. そして, ミクロの世界に分け入る大きな飛躍となったのは, 1897 年の J.J.トムソンによる電子の発見であった.

## 1.2 電子と原子

すべての原子に含まれる, 負電荷をもつ電子の存在は, 1897 年トムソンにより明らかにされた. 当時すでに, ガラス管内に陰極と陽極を封入し, 両極間に数 1000 V の高い電圧を加えて, 管内の気体を抜いていくと, 陰極線とよばれる負の電荷をもった何かの流れがあることが多くの研究者により確かめられていた. そして, この流れの正体をつきとめたのがトムソンである. 彼は静電場と静磁場の中での陰極線の精密測定により, 陰極線が負電荷をもつ粒子の流れであることを明らかにした. 続いて, 1911 年ラザフォードは, 中心に正電荷をもつ核（原子核）とそのまわりを回転する電子から原子は構成されているという原子の太陽系模型を確立した.

### 1.2.1 電子の発見

図 1.1 はトムソンの用いた実験装置の概略図である. 図に示すように, 平行極板 J, K 間に電場 $\boldsymbol{E}$（$z$ の負方向）を加え, 左端の点 C より $x$ 正方向に陰極線を入射させる. 陰極線は, 質量 $m$, 電荷 $-e$ $(e > 0)$, 速さ $v$ の粒子から

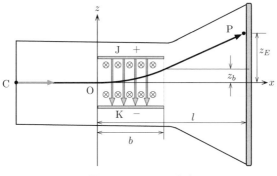

**図 1.1** トムソンの実験

なっているとする．粒子は J, K 間で電場から $z$ 正方向の力 $eE$ を受けるので，$0 < x \leq b$ で，$x, z$ は

$$x = vt \tag{1.1}$$

$$z = \frac{1}{2}\frac{eE}{m}t^2 \tag{1.2}$$

と表され，$z_b = eEb^2/2mv^2$，$x = b$ での軌跡の勾配は $eEb/mv^2$ と与えられる．$x > b$ では直進するので，$z$ は $x$ の関数として，

$$z = \frac{eEb}{mv^2}\left(x - \frac{b}{2}\right) \tag{1.3}$$

となる．よって，$e/m$ は

$$z_E = \frac{eEb}{mv^2}\left(l - \frac{b}{2}\right) \tag{1.4}$$

を用いて

$$\frac{e}{m} = \frac{z_E v^2}{Eb(l - b/2)} \tag{1.5}$$

と与えられる．$v$ は，電場 $\boldsymbol{E}$ をそのままに保ち，紙面に垂直に（表から裏に）磁場 $\boldsymbol{B}$ をかけ，ローレンツ力，$-e\boldsymbol{v}\times\boldsymbol{B}$，が電場による力 $-e\boldsymbol{E}$ を打ち消すようにしたときの $E, B$ を用いて，

$$v = \frac{E}{B} \tag{1.6}$$

と表される．よって，

$$\frac{e}{m} = \frac{Ez_E}{bB^2(l - b/2)} \tag{1.7}$$

と与えられる.

この実験では比電荷 $e/m$ が求められ,電荷,質量それぞれの値の決定は1909年のミリカンの油滴の実験を待たねばならなかった.しかし,陰極線がどの金属から出たものでも同じ $e/m$ の値をもち,この粒子が物質の電荷を決める最小要素であると考えられ,トムソンはこれを電子と名付けた.現代のデータによると,$e/m$ の値は

$$\frac{e}{m} = 1.75881962 \times 10^{11}\,\text{C/kg} \tag{1.8}$$

である.

### 1.2.2　電子の電荷の決定

ここでは,電子の電荷の決定に成功したミリカンの油滴実験を紹介する.図1.2は彼の使用した実験装置の概略図である.1909年ミリカンは,この装置を用いて電気素量の直接測定に成功した.図1.2のように,2枚の平面電極の間に霧吹きで微細な油滴を吹き込み,その中の1滴の運動を顕微鏡で観測した.X線で空気を照射すると,電子やイオン

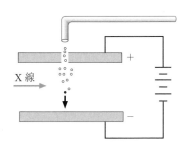

**図1.2**　ミリカンの油滴実験

が発生してそれらが付着するため,油滴は帯電する.いま,注目している油滴が負に帯電しているとして,その運動を考える.電極間に電圧がかかっていないとき,油滴は空気の抵抗を受けて,一定速度 $v_1$ で落下する.油滴の半径を $a$,その質量密度を $\rho$ とすると,その質量は $(4\pi/3)\rho a^3$,空気による抵抗力はストークスの法則によって $6\pi\eta a v_1$ である($\eta$ は空気の粘性率).したがって,重力加速度を $g$ とすれば,力のつりあいの式

$$6\pi\eta a v_1 - \left(\frac{4\pi}{3}\right)\rho a^3 g = 0 \tag{1.9}$$

より,油滴の半径が $a = 3\sqrt{\eta v_1/2g\rho}$ と求められる.

次に,電極間に電圧をかけると,電場 $E$ により油滴は上方に力を受け,やが

て一定速度 $v_2$ で上昇をはじめる. 油滴の電荷を $-q$ $(q > 0)$ とすれば, 力のつりあいの式

$$qE - 6\pi\eta a v_2 - \left(\frac{4\pi}{3}\right)\rho a^3 g = 0 \tag{1.10}$$

が成り立つ. 式 (1.9), (1.10) より, 油滴に付着している電荷量は

$$-q = -(1 + v_2/v_1)\frac{4\pi\rho a^3 g}{3E} \tag{1.11}$$

と求められる. そして, このようにして得られた電荷 $q$ の値を並べてみると, それらはすべて最小単位 $e = 1.64 \times 10^{-19}$C の整数倍になっていることがわかった. $e$ は電気素量とよばれ, 電子の電荷は $-e$ であることがわかったのである. 現代のデータによると, $e = 1.60217733 \times 10^{-19}$ C である.

### 1.2.3 ラザフォードの原子模型

トムソンが電子を発見した後, 原子は電子とその電荷を打ち消す正電荷によって構成されていることが疑いえない事実となった. それでは, いったい, 正電荷と電子はどのように原子を構成しているのであろうか. 1904 年に 2 つの原子模型が提案された. 1 つは電子を発見したトムソンによるもので, 図 1.3 (a) に示すように, 原子球に均一に分布した正電荷の中に電子が埋め込まれており, ぶどうパン模型とよばれた. 一方, 日本の長岡は, 正電荷を帯びた球のまわりを電子が土星の輪のように回転しているとする土星型模型 (図 1.3 (b)) を主張した. トムソン模型では電子がそれぞれのところで周期運動をするとすれば, 原子スペクトルが説明できるのではと考えられたのである.

しかし, 1909 年ラザフォードの指導の下でガイガーとマースデンが行った実験の結果は, トムソン模型から予測されるものとはまったく異なったもので

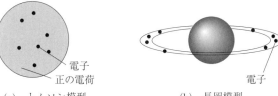

(a) トムソン模型　　　　(b) 長岡模型

**図 1.3** 原子模型

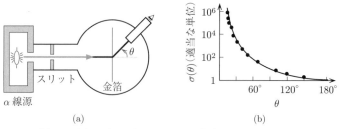

図 1.4　(a) ガイガーとマースデンの実験装置と (b) 実験結果

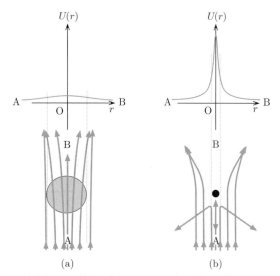

図 1.5　原子の正電荷による位置エネルギー $U(r)$ と $\alpha$ 粒子の散乱: (a) トムソン模型, (b) 太陽系模型 ((a), (b) ともに下部の直線 AB が上部の直線 AB に対応)

あった．図 1.4 (a) はガイガーとマースデンが用いた実験装置の概略図である．正電荷 $(2e)$ を帯びた $\alpha$ 線とよばれるヘリウム原子核（$\alpha$ 粒子ともよぶ）のビームを薄い金箔に衝突させたところ，多くの $\alpha$ 線は金箔を素通りしたが，ごくわずかながら逆方向にはね返されてくるものがあることを発見したのである．図 1.4 (b) の黒丸が実験結果で，縦軸は，$\alpha$ 線と散乱方向とのなす角が $\theta$ の方向（図 1.4 (a)）の単位立体角内に散乱される $\alpha$ 線の割合を表す，微分散乱断面積とよばれる量 $\sigma(\theta)$ を示している．きわめてまれにしか起こらない（$90°$ を越す）大角散乱があるということは原子の正電荷がほとんど点状に局在している

ことの証拠と考えられる. 原子の中心に向かう $\alpha$ 粒子の正電荷による位置エネルギー（上部）とその位置エネルギーによる $\alpha$ 粒子の散乱の様子（下部）を図1.5 に示す. 正電荷球の半径が小さいと, $\alpha$ 粒子の位置エネルギーは大きくなり大角散乱が起こることがわかる. 5.3 MeV の入射エネルギーをもつ $\alpha$ 粒子が大きく跳ね返るための正電荷球の半径の上限は, 金原子の場合, $6.4 \times 10^{-14}$ m と見積もられる（例題 1.1 参照）. この大きさは原子の半径 $(\sim 10^{-10}$ m) よりはるかに小さい値である.

ラザフォードとダーウィンは点状電荷を仮定して, $\sigma(\theta)$ をニュートン力学の範囲内で計算した. 彼らが得た結果は

$$\sigma(\theta) = \left( \frac{ZeQ/4\pi\varepsilon_0}{4K} \right)^2 \frac{1}{\sin^4(\theta/2)} \qquad (1.12)$$

と表される. ここで, $Q = 2e$ は $\alpha$ 粒子の電荷, $Ze$ は金の原子核の電荷, $K$ は $\alpha$ 粒子のエネルギー, $\varepsilon_0$ は真空の誘電率である. この計算結果を図示すると, 図 1.4 (b) の実線のようになり, 実験値（黒丸）とよく一致する. この定量的一致によって, 原子の中心に $Ze$ の正電荷を帯びた非常に小さな原子核があり, そのまわりに $Z$ 個の電子が回転しているという太陽系模型が確立されたのである. この模型は「ラザフォードの原子模型」とよばれ, 式 (1.12) は「ラザフォードの散乱公式」とよばれている. しかしながら, この原子模型で原子が安定に存在できないことは電磁気学から帰結される（例題 1.2 参照）. この解決は「古典的には存続を許されない電子の回転状態も極微の世界では定常状態として存在できる」というボーアの大胆な仮定によって, その 1 歩を踏み出すことになるのである.

---

**例題 1.1（一様球状正電荷による $\alpha$ 粒子の位置エネルギー）** 一様分布正電荷球による, $\alpha$ 粒子の大角散乱がみられるための正電荷球の半径を, 金原子の場合について見積もれ. ただし, $\alpha$ 粒子の入射エネルギーを 5.3 MeV とせよ.

---

[解] 標的原子の正電荷 $Q$ が半径 $a$ の球に一様に分布しているとき, 原子の中心からの距離を $r$ として, 電場 $E(r)$, 電位 $V(r)$, および, $\alpha$ 粒子（電荷 $q$）の位置エネルギー

$U(r)$ を求める. $r \geq a$ では,

$$4\pi r^2 \varepsilon_0 E(r) = Q$$

より,

$$E(r) = \frac{Q}{4\pi\varepsilon_0 r^2} \tag{1.13}$$

となる ($\varepsilon_0$ は真空の誘電率). 一方, $r < a$ のとき, 半径 $r$ 内の正電荷は $(r^3/a^3)Q$ であるので,

$$E(r) = \frac{Q}{4\pi\varepsilon_0 a^3} r \tag{1.14}$$

となる.

電位は,

$$V(r) = -\int_\infty^r E(r)\,\mathrm{d}r + V(\infty) = \int_r^\infty E(r)\,\mathrm{d}r$$

より求められる ($V(\infty) = 0$). よって,
$r \geq a$ では,

$$V(r) = \int_r^\infty \frac{Q}{4\pi\varepsilon_0 r^2}\,\mathrm{d}r = \frac{Q}{4\pi\varepsilon_0 r} \tag{1.15}$$

$r < a$ では,

$$V(r) = \int_r^a \frac{Q}{4\pi\varepsilon_0 a^3} r\,\mathrm{d}r + \int_a^\infty \frac{Q}{4\pi\varepsilon_0 r^2}\,\mathrm{d}r = \frac{3Q}{8\pi\varepsilon_0 a} - \frac{Q}{8\pi\varepsilon_0 a^3}r^2 \tag{1.16}$$

となり, $V(r)$ の最大値は $3Q/8\pi\varepsilon_0 a$ となり半径 $a$ に反比例する.

180° の大角散乱がみられるためには, $\alpha$ 粒子の入射エネルギー $K(= 5.3\mathrm{MeV})$ が位置エネルギーの最大値 $2e \times 3Q/8\pi\varepsilon_0 a$ ($\alpha$粒子の $q = 2e$) より小さくなければならない. よって, 金原子 ($Q = 79e$) を標的とする $\alpha$ 粒子の場合

$$a \leq 6eQ/8\pi\varepsilon_0 K = 6.4 \times 10^{-14}\ \mathrm{m} \tag{1.17}$$

と見積もられる. すなわち, 金原子の場合, 正電荷は原子の半径 ($1.4 \times 10^{-10}$ m) の 1/2000 以下のきわめて小さい領域 (原子核) に閉じこめられていることになる.

---

**例題 1.2 (ラザフォードの原子模型の不安定性)**　ラザフォードらの実験・理論で確立した原子の太陽系模型は古典論では不安定であることを説明せよ.

---

[解] 電磁気学によると, 図1.6 に示すように, 振動する電流 (荷電粒子の加速度運動) のまわり (たとえば, 閉回路 $C_1$) には, 振動する磁場が生じ (アンペールの法則), 振動する磁場のまわり (閉回路 $C_2$) には, 振動する電場が生じる (ファラデーの電磁誘導の法則). 真空中で電流がない場合でも振動する電場があればそのまわりには振動する

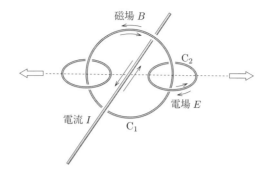

**図 1.6** 振動する電流のまわりの電磁波の伝播

磁場が生じるので（マックスウェル–アンペールの法則），$C_2$ 上の振動電場のまわりには振動磁場が誘起される．このようにして，加速度運動をする荷電粒子のまわりには電磁波が発生し，まわりに伝播していく．

電磁気学によると，加速度 $\alpha$ で運動する電荷 $q$ の粒子から放射される，単位時間あたりのエネルギー $dW/dt$ は $(q\alpha)^2$ に比例する．このことは誘起される電場，磁場がともに $\alpha, q$ に比例すること，および，電磁波のエネルギーが電場 × 磁場に比例することに由来し，比例定数は $1/6\pi\varepsilon_0 c^3$ と計算される．$dW/dt$ は電荷粒子のもつ全エネルギー $E$ の単位時間あたりの減少 $-dE/dt$ に等しいので，

$$\frac{dE}{dt} = -\frac{q^2\alpha^2}{6\pi\varepsilon_0 c^3} \tag{1.18}$$

が成り立つ（$c, \varepsilon_0$ は，それぞれ，光速と真空中での誘電率）．水素原子の場合，半径 $r$ の円運動をしている電子（$q = -e$）の運動方程式

$$m\alpha = \frac{e^2}{4\pi\varepsilon_0 r^2} \tag{1.19}$$

より，式 (1.18) は

$$\frac{dE}{dt} = -\frac{e^6}{96\pi^3\varepsilon_0^3 m^2 c^3 r^4} \tag{1.20}$$

となる．また，式 (1.19) と $\alpha = v^2/r$ を用いれば，

$$E = m\frac{v^2}{2} - \frac{e^2}{4\pi\varepsilon_0 r} = -\frac{e^2}{8\pi\varepsilon_0 r} \tag{1.21}$$

となり，

$$\frac{dE}{dr} = \frac{e^2}{8\pi\varepsilon_0}\frac{1}{r^2} \tag{1.22}$$

を得る．

$$\frac{dr}{dt} = \frac{dr}{dE} \cdot \frac{dE}{dt} = \frac{dE/dt}{dE/dr} \tag{1.23}$$

に式 (1.20), (1.22) を代入して,

$$\frac{dr}{dt} = -\frac{e^4}{12\pi^2\varepsilon_0^2 m^2 c^3 r^2} \tag{1.24}$$

を得る. よって, 電子の軌道半径が $a$ から 0 となるまでの時間 $T$ は

$$T = \int_0^T dt = -\frac{12\pi^2\varepsilon_0^2 m^2 c^3}{e^4}\int_a^0 r^2\,dr \;\; = \frac{4\pi^2\varepsilon_0^2 m^2 c^3}{e^4}a^3 \tag{1.25}$$

となる. $a$ として, ボーア半径
($\sim 0.53\times10^{-10}$ m) を代入すると
$T \sim 1.5\times10^{-11}$ s を得る. すなわ
ち, 古典物理学を採用すれば, 原子核
のまわりの電子は $\sim 10^{-11}$ s の短い
時間で原子核と合体することになる
(図 1.7). このように, ラザフォー
ドの太陽系模型の原子は古典物理学
では安定に存在しえないという結論
になる.

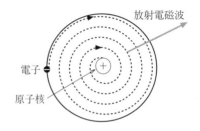

図 **1.7**　古典物理学ではラザフォードの原子模型は
つぶれる

--------------------------- 演習問題 1 ---------------------------

1. 質量 $m$, 電荷 $-e$ の電子が一様な磁場内で運動すると, ローレンツ力を受けて円運
   動をする. この円運動の半径を荷電粒子の速度と磁場の大きさ $v, B$ で表せ.

2. 水分子 ($H_2O$) の分子量は 18.0 である. アボガドロ数を $6.02\times10^{23}$ として, 以下
   の問いに答えよ.
   (a) 水分子 1 個の質量を求め, 電子の質量と比較せよ.
   (b) 1 mol の水の体積を 18 $cm^3$ として, 水分子 1 個の体積を求めよ.
   (c) 1 mol の気体の体積は 0 °C, 1 気圧で 22.4 L である. 気体分子 1 個あたりの
   占める体積を求めよ.

3. ミリカンの油滴の実験で, 電極間に電圧をかけていないとき, 油滴は 1 cm の距離を
   30 s かけて落下した. 油滴の密度 $\rho = 0.9\,g/cm^3$, 空気の粘性率 $\eta = 1.8\times10^{-5}$ Pa·s
   として, 油滴の半径を求めよ (Pa はパスカルと読み, Pa = $N\cdot m^{-2}$ である).

# 第2章 〰️ 粒子性と波動性

　ラザフォードにより，原子核のまわりを電子が回転しているという，原子の太陽系模型が確立された．しかし，古典論ではこの模型で電子がなぜ安定に存在するのか説明できない．一方，熱放射のエネルギー密度，光電効果，コンプトン散乱の3つの実験結果も古典論では説明できなかった．これらの古典論の困難を解決する第一歩が，1900年に提唱されたプランクの**エネルギー量子仮説**である．この革命的な考えで，彼は熱放射の実験結果を見事に説明した．1905年には，アインシュタインは「光は粒子のように振る舞う」という**光量子仮説**を提唱し，光電効果の実験結果の説明に成功した．続いて，コンプトン効果も光量子仮説で説明されることが明らかになった．この2大発見—エネルギー量子と光量子 —が，量子力学形成の糸口となるボーアの原子模型へと発展する．ボーアは量子条件を仮定することにより，水素原子のスペクトル線の説明に成功した．量子条件の物理的意味は，「粒子である電子が波動性を示す」というド・ブロイの物質波の考えで明らかとなった．このように，光，電子のようなミクロな系の物体は粒子性と波動性をもっていることが明らかとなり，それらに対して量子という概念が確立した．この章では，量子力学が扱う量子の考え方を説明する．

## 2.1　熱放射とプランクのエネルギー量子

　入射してくる電磁波をすべて吸収し，また放射する理想的な物体を黒体とよぶ．この黒体での電磁波の放射は，あらゆる振動数を含み，黒体放射とよばれ

ている．黒体の状態は温度のみによって決まり，それ以外の物質定数には依存しない．この黒体の熱平衡状態での電磁波のエネルギー密度の振動数と温度依存性が古典論では説明できないことが，19 世紀末には明らかになっていた．この熱放射の研究から，プランクは量子力学の根幹をなす量子の概念を発見した．

　黒体放射のスペクトルの測定結果を図 2.1（実線）に示す．振動数 $\nu$ の電磁波の単位体積あたりのエネルギー，つまりエネルギー密度 $\rho$ を $\nu$ の関数として，3 つの絶対温度 $T$ に対して示している．$\nu$ が小さいところでは，$\nu$ の増加とともに $\rho$ は増加し，やがて減少に転じる．$T = 6000$ K（太陽の表面温度）のピークの振動数は $\sim 4 \times 10^{14}/\text{s}$（波長 $\sim 10^{-6}$ m）であるので，可視光の波長領域に位置する．これらの実験結果は，レイリーとジーンズにより得られた古典論の式（図 2.1 の破線，例題 2.1 参照）

$$\rho(\nu, T) = \frac{8\pi\nu^2}{c^3}k_{\text{B}}T \tag{2.1}$$

で説明できないことは明らかである（$k_{\text{B}}$ はボルツマン定数）．図 2.1 でわかるように，この表式は振動数が小さいところでは実験結果とよく合うが，振動数が大きくなるにつれて実験結果との不一致は大きくなるばかりである．一方，ウィーンは振動数の大きいところで実験結果に合う表式

$$\rho(\nu, T) = \frac{8\pi\nu^2}{c^3}k_B\beta\nu\exp(-\beta\nu/T) \tag{2.2}$$

を導いた（$\beta$ は調整パラメーター）．しかし，この式は振動数が小さいところで実験結果と合わなくなる．そこでプランクは，この 2 つの式を内挿し，次の式を導いた（例題 2.2 参照）．

$$\rho(\nu, T) = \frac{8\pi\nu^2}{c^3}\frac{h\nu}{\exp(h\nu/k_{\text{B}}T) - 1} \tag{2.3}$$

ここで，$h$ はプランク定数とよばれる．式 (2.1), (2.2), (2.3) は因子 $8\pi\nu^2/c^3$ を

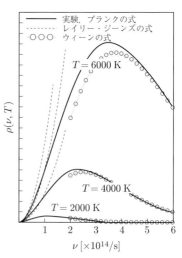

図 **2.1**　熱放射の振動数による強度分布の実験結果と理論計算

共通に含んでいる．これは**電磁波モード密度**とよばれるもので，単位体積あたり $\nu \sim \nu + d\nu$ の間に許される基準振動の数を表している（例題 2.1 参照）．3つの表式の差異はそれに続く部分で，これは温度 $T$ の下で振動数 $\nu$ の1つの基準振動に割り当てられる平均エネルギー $\langle \varepsilon_\nu \rangle$ を表す．

内挿式 (2.3) は，プランクの熱放射公式とよばれ，実験結果と見事に一致した．彼はこの式が，

$$\text{「エネルギー量子」} = h\nu \tag{2.4}$$

を仮定することにより統計力学から導かれることを示し（例題 2.3 参照），

**「電磁波の1基準振動あたりのエネルギーは連続的な値をとらずに，**

**エネルギー量子の整数倍の値 $nh\nu$ だけをとる」**

というプランクの量子仮説を提唱した（1900 年）．この量子仮説が，アインシュタインの「光電効果では光は粒子のように振る舞う」という光量子仮説，また，ボーアの原子模型の基礎をなす定常状態の仮説の考えへと発展するのである．

プランクの定数 $h$ は

$$h = 6.6260 \times 10^{-34} \text{J} \cdot \text{s} \tag{2.5}$$

と非常に小さい量で，電子の質量 $m$，電気素量 $e$ とともに，物理学における基本的な普遍定数で，原子の世界での議論に不可欠な量であることが次第に明らかとなった．

---

**例題 2.1 (電磁波のモード密度)**　電磁波の基準振動のモード密度を求めよ．

---

[解]　基準振動は真空中に一辺 $L$ の立方体を考え，その表面が固定端となっている場合に許される定在波として求められる．1次元の場合，図 2.2 (a) に示した長さ $L$ の弦で許される定在波と同じで，境界条件 $\sin(kL) = 0$ より，$k = n\pi/L (n = 1, 2, ...)$ で指定される．これらの基準振動を表す黒丸が $k$ 軸上（図 2.2 (b)）に記入されている．

3次元の場合，図 2.2 (c) の1辺 $\pi/L$ の小立方体の角の黒丸で示される $\boldsymbol{k}$ が1つの基準振動を指定する．$k$ と $k + dk$ との間にある基準振動の個数は半径 $k$ と $k + dk$ の間の球殻の 1/8 の体積 $4\pi k^2 dk/8$ を1黒丸あたりの体積 $(\pi/L)^3$ で割ったものを2倍したものである（2倍にしたのは電磁波には2つの独立な偏りがあるためである）．すな

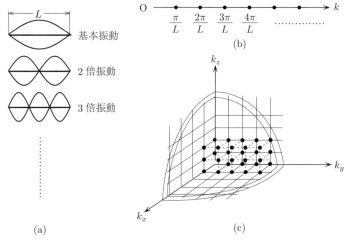

(a)

(b)

(c)

図 2.2　電磁波の基準振動

わち, $k = 2\pi\nu/c$ を用いて,

$$\frac{4\pi k^2\,\mathrm{d}k}{8}\frac{1}{(\pi/L)^3} \times 2 = \frac{8\pi\nu^2}{c^3}L^3\,\mathrm{d}\nu \tag{2.6}$$

となる. この値を全空間の体積 $L^3$ で割れば, $\nu \sim \nu + \mathrm{d}\nu$ の間の電磁波の基準振動の
モード密度 $8\pi\nu^2/c^3$ を得る.

> **例題 2.2 (プランクの式)**　プランクの式 (2.3) はウィーンの式 (2.2) とレ
> イリーとジーンズの式 (2.1) の内挿式であることを説明せよ.

[解] プランクの式 (2.3) で, $\nu$ が大きいとき ($h\nu/k_BT \gg 1$), 分母 $(\exp(h\nu/k_BT)-1)$
の $-1$ は無視でき, $h = k_B\beta$ とおけば, ウィーンの式 (2.2) となる. 一方, $\nu$ が小さい
とき ($h\nu/k_BT \ll 1$),

$$\exp(h\nu/k_BT) - 1 \fallingdotseq h\nu/k_BT \tag{2.7}$$

となり, プランクの式 (2.3) はレイリーとジーンズの式 (2.1) となる.

> **例題 2.3 (プランクのエネルギー量子仮説)**　プランクのエネルギー量子
> 仮説を用いて, 式 (2.3) を導け.

[解] 振動数 $\nu$ の基準振動は振動数 $\nu$ の 1 次元調和振動子と等価であることを示すこと
ができる (例題 2.4 参照). プランクの量子仮説によれば, 振動数 $\nu$ の調和振動子のエネ

ルギー $\varepsilon_\nu$ は，連続的に変わりうるのではなく，$h\nu$ というエネルギー量子の整数倍の値

$$\varepsilon_\nu = nh\nu \tag{2.8}$$

のみとる．また，絶対温度 $T$ の下で調和振動子がエネルギー $\varepsilon_\nu$ をとる相対確率は $e^{-\varepsilon_\nu/kT}$ に比例するので，振動数 $\nu$ の調和振動子 1 個あたりの平均エネルギー $\langle \varepsilon_\nu \rangle$ は，

$$\langle \varepsilon_\nu \rangle = \frac{\displaystyle\sum_{n=0}^{\infty} nh\nu \exp(-nh\nu/k_\mathrm{B}T)}{\displaystyle\sum_{n=0}^{\infty} \exp(-nh\nu/k_\mathrm{B}T)} \tag{2.9}$$

と求められる．等比数列の和の公式を用いると，

$$\sum_{n=0}^{\infty} \exp(-n\sigma) = \frac{1}{1 - \exp(-\sigma)} \tag{2.10}$$

$$\sum_{n=0}^{\infty} n \exp(-n\sigma) = \frac{\exp(-\sigma)}{(1 - \exp(-\sigma))^2} \tag{2.11}$$

となり，これらの式で $\sigma = h\nu/k_\mathrm{B}T$ とおけば，

$$\langle \varepsilon_\nu \rangle = \frac{h\nu}{\exp(h\nu/k_\mathrm{B}T) - 1} \tag{2.12}$$

を得る．これに例題 2.1 で求めた基準振動のモード密度 $8\pi\nu^2/c^3$ を乗じたものが式 (2.3) である．

---

**例題 2.4 (基準振動と調和振動子)**　1 つの基準振動は 1 次元調和振動子と等価であることを示せ．

---

[解] もっとも簡単な場合として，系に 1 つの基準振動だけがあるとし，その基準振動の波を

$$u(x,t) = a(t) \sin kx \tag{2.13}$$

とする．この波の位相速度を $c$ とすれば，$u(x,t)$ は波動方程式

$$\frac{\partial^2 u}{\partial x^2} = \frac{1}{c^2} \frac{\partial^2 u}{\partial t^2} \tag{2.14}$$

を満たさなければならない．式 (2.13) を式 (2.14) に代入すれば $a(t)$ が満たすべき運動方程式

$$\frac{\mathrm{d}^2 a}{\mathrm{d}t^2} = -k^2 c^2 a \tag{2.15}$$

を得る．この式は角速度 $\omega$ が $kc = 2\pi\nu$ の 1 次元調和振動子が満たす方程式である．すなわち，1 つの基準振動（波長 $\lambda$）が励起されたということは振動数 $\nu$ $(= c/\lambda)$ の 1 次元調和振動子が 1 つ振動していることと等価であることを示している．多くの基準振動の重ね合わせで表される波が立っている一般の場合でも，そこに含まれる基準振動のそれぞれが 1 つの 1 次元調和振動子と等価であることを示すことができる．

## 2.2 光電効果

金属に紫外線を当てると電子が飛び
出す現象（図2.3）は1887年ヘルツに
よって発見され，光電効果とよばれてい
た．この現象を，電磁波の電場によって
電子が強制振動を受けエネルギーをも
らうという電磁気学からの解釈はこと
ごとく失敗した．

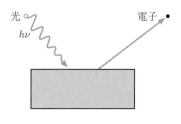

図 **2.3** 光電効果

アインシュタインは「光は波動として
伝わるが，衝突の際には粒子のように振る舞う」と考え，その粒子のように振
る舞うものを**光量子**と名付けた．この考えで，アインシュタインは光電効果の
説明に成功した．その後，コンプトン散乱の実験結果もアインシュタインの考
えで説明されることが明らかとなった（節2.3）．ここでは，光電効果の実験結
果とアインシュタインの考え方について説明する．

レナードによって詳しく調べられた光電効果の実験結果は次の4点に要約さ
れる．

(1) 金属に当てる光の振動数が，その金属に固有なある値（限界振動数）よ
    り小さいと，いくら強い光を当てても電子は飛び出さない．

(2) 飛び出した電子の最大の運動エネルギーは，入射光の強さには無関係で，
    光の振動数 $\nu$ と1次関数の関係にある．

(3) 放出される電子数は，入射光の強さに比例する．

(4) 入射光の強度がどんな弱くても，限界振動数より大きな振動数の光を当
    てると，ただちに電子が飛び出す．

電磁波を波動とみれば，電磁波の振動電場は金属内の電子に強制振動を起こ
させ，電子は電場からエネルギーを受け取るはずである．それゆえ，電磁波の
強度を上げていけば電子に与えられるエネルギーは増大し，電子はいずれ飛び
出すはずである．また，特定の電子にエネルギーが集められるというような機
構があれば，時間をかければ電子が飛び出すということも期待される．

　しかし，これらの予想は上記の実験結果 (1)〜(4) のすべてに反し，光電効果は電磁波を波動とみなす観点からはまったく説明不可能な現象であることがわかったのである．この困難に対して，アインシュタインは 1905 年，

「振動数 $\nu$ の光は，エネルギー $h\nu$ をもつ粒子

（光量子，光子またはフォトン）のように振る舞う」

という光量子仮説を提唱した．そして，光量子のエネルギー $E$ と運動量 $p$ は

$$E = h\nu \tag{2.16}$$

$$p = h/\lambda \tag{2.17}$$

で表されると考えた．これは，1 個の粒子の量（エネルギーと運動量）と波の量（振動数と波長）をつなぐ式で，アインシュタインの関係式とよばれている．

　式 (2.16) を用いれば，上記の実験結果のすべてが見事に説明される．いま，金属内の電子 1 個をその外に引き出すのに必要な最小エネルギー（仕事関数という）を $W$ とする（図 2.4）．まず，金属内の電子を外部に取り出すためには，$h\nu > W$ の振動数の光を金属に当てることが必要であることがわかる（実験結果 1）．そして，光子のエネルギー $h\nu$ が $W$ よりも大きければ，たとえ 1 個の光子でも，金属から 1 個の電子を照射直後に引き出すことができる（実験結果 4）．また，$h\nu > W$ であれば，放出される電子数は光子の数，すなわち，光の強さに比例する（実験結果 3）．限界振動数 $\nu_0$ は

$$\nu_0 = \frac{W}{h} \tag{2.18}$$

となる．

　$h\nu > W$ の光を当てたとき，飛び出した電子の最大の運動エネルギー $K_{\mathrm{m}}$ はエネルギー保存則により，

$$K_{\mathrm{m}} = h\nu - W \tag{2.19}$$

となり（図 2.4），光の振動数 $\nu$ に比例して大きくなる（実験結果 2）．このように，光はエネルギー $h\nu$ をもつ粒子であると考えれば，光電効果の実験結果はすべて説明できることがわかる．

　式 (2.19) で金属の種類に依存するのは $W$ だけであるから，$K_{\mathrm{m}}$ を $\nu$ についてプロットすれば，その直線の傾きは金属によらぬ共通の傾きをもつはずであ

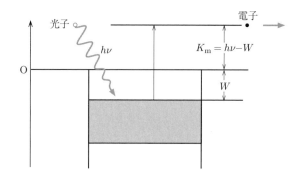

**図 2.4**　光のエネルギー，電子の運動エネルギー，仕事関数

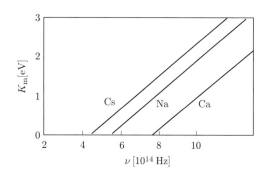

**図 2.5**　金属から飛び出した電子の最大運動エネルギー $(K_m)$ と入射単色光の振動数 $(\nu)$

る．1916年ミリカンは，種々の金属について，式 (2.19) の関係を測定し，図2.5 の結果を得，共通勾配として，

$$h = 6.58 \times 10^{-34} \text{J} \cdot \text{s} \tag{2.20}$$

の値を得た．この値はプランクが熱放射の研究から得た値（式 (2.5)）と非常によく一致しており，光（電磁波）に対するプランクとアインシュタインの理論の一貫性を強く支持するものであった．

　「粒子であれば波ではない」というのが古典論の世界の常識であった．光にいたってはじめて，波として振る舞うことも粒子として振る舞うこともある，という2重性の世界に立ちいたったのである．

## 2.3 コンプトン散乱

　光の粒子性をさらに確固たるものとしたのはコンプトン散乱の実験である．1923年，コンプトンは，陰極線をモリブデンの陽極に投射したときに出てくるX線を石墨に当てたとき，散乱されて出てくるX線には，図2.6に示すように，入射波と同じ波長 $\lambda$ の成分の他に，入射波より長い波長 $\lambda'$ のものがあることを発見した．このような，散乱波の波長が長くなる散乱をコンプトン散乱という．

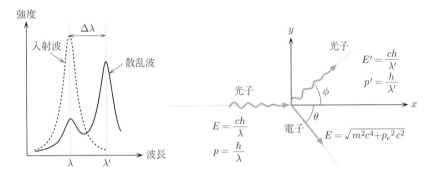

**図 2.6** コンプトン散乱　　　　**図 2.7** 石墨の中の電子と光子の衝突 (2物体の弾性散乱)

　古典的にX線を波動と考えれば，電子は電磁波の振動電場により強制振動を受け，その結果同じ振動数の電磁波を放出することになる．よって，古典論では振動数が変化するという実験結果を説明できない．一方，アインシュタインの光量子仮説に従って，X線を光子の集まりと考えれば，静止していた電子は光子につき動かされ，光子のエネルギーの一部は電子に与えられ，光子の波長は長くなると考えられる．コンプトンはこのような着想からX線を光子として扱い，コンプトン散乱を定量的に説明するのに成功した．

　図2.7に示すように，波長 $\lambda$ （エネルギー $ch/\lambda$, 運動量 $h/\lambda$）の光子が静止していた電子に当たって，光子は角度 $\phi$ の方向に波長 $\lambda'$ で散乱され，電子は角度 $\theta$ の方向に運動量 $p_e$ を得るとする．この散乱を弾性散乱とすれば，系の運動量とエネルギーは保存する．電子が光速に近い場合も考慮して，電子のエ

ネルギーの表式に特殊相対性理論を用いれば，エネルギー保存則より

$$\frac{ch}{\lambda} + mc^2 = \frac{ch}{\lambda'} + \sqrt{m^2c^4 + p_e{}^2c^2} \tag{2.21}$$

運動量保存則より

$$x \text{ 方向 : } \frac{h}{\lambda} = \frac{h}{\lambda'}\cos\phi + p_e\cos\theta \tag{2.22}$$

$$y \text{ 方向 : } \frac{h}{\lambda'}\sin\phi = p_e\sin\theta \tag{2.23}$$

が成り立つ．これらの式より

$$\Delta\lambda = \lambda' - \lambda = \frac{h}{mc}(1 - \cos\phi) \tag{2.24}$$

が得られる（例題 2.5 参照）．図 2.6 に示されている波長変化は X 線の散乱角 $\phi$ に依存するが，その $\phi$ 依存性は式 (2.24) で定量的によく再現されることが確かめられた．この実験によって，光の粒子性が（光電効果と比して）より直接的に確かめられ，その粒子性は疑いえないものとなったのである．

　式 (2.24) からわかるように，コンプトン散乱による波長の変化は $h/mc = 2.4 \times 10^{-12}$ m の大きさで，波長変化がはっきり観測されるためには，入射光子の波長は十分短くなければならない．$\lambda = 5 \times 10^{-11}$ m の X 線を用いるとすると，その光子のエネルギーは $2.5 \times 10^4$ eV である．よって，数 eV の結合エネルギーで束縛されている外殻電子は自由粒子とみなしてよく，これが上の解析で光子と自由粒子の衝突として扱った理由である．図 2.6 に見られる波長が変化しない散乱は，原子核による X 線の散乱と考えられる．この場合には，式 (2.24) の電子の質量 $m$ は原子核の重い質量で置き換わり，波長の変化はほとんど生じない．

---

**例題 2.5 (コンプトン散乱)**　コンプトン散乱の式 (2.24) を導け．

---

[解] 式 (2.21) より，

$$\left(\left(\frac{ch}{\lambda} - \frac{ch}{\lambda'}\right) + mc^2\right)^2 = m^2c^4 + p_e^2c^2 \tag{2.25}$$

$$\left(\frac{ch}{\lambda} - \frac{ch}{\lambda'}\right)^2 + 2mc^2\left(\frac{ch}{\lambda} - \frac{ch}{\lambda'}\right) = p_e^2c^2 \tag{2.26}$$

式 (2.22) と (2.23) より

$$\left( \frac{h}{\lambda} - \frac{h}{\lambda'} \cos\phi \right)^2 = (p_e \cos\theta)^2 \tag{2.27}$$

$$\left( \frac{h}{\lambda'} \sin\phi \right)^2 = (p_e \sin\theta)^2 \tag{2.28}$$

式 (2.27) と (2.28) を加えて,

$$\left( \frac{h}{\lambda} - \frac{h}{\lambda'} \cos\phi \right)^2 + \left( \frac{h}{\lambda'} \sin\phi \right)^2 = p_e^2 \tag{2.29}$$

となる. 式 (2.26) と (2.29) より,

$$\Delta\lambda = \lambda' - \lambda = \frac{h}{mc}(1 - \cos\phi) \tag{2.30}$$

が得られる.

## 2.4 ボーアの原子論—前期量子論—

ラザフォードらの実験によって, 原子核の存在が明らかになり, 電子がその
まわりを回転しているという太陽系模型が確立した. しかし, 古典論では, 荷
電粒子が加速度運動をすると電磁波を放出してエネルギーを失っていくので,
そのような原子は安定には存在できない. ニュートン力学を超えた新しい力学
の構築が必要であることは明らかである. ここでは, そのような原子の安定性
を記述できる新しい力学の形成に重要な役割を果たしたボーアの原子模型につ
いて説明する. プランクのエネルギー量子, アインシュタインの光量子の考え
に続き, ボーアは, 定常状態という概念を提唱した. そして, 古典力学に量子
条件を用いて得られた定常状態のエネルギー準位を用いて, 水素原子の線スペ
クトルの問題をきわめて高い精度で解決することができた. この成功はド・ブ
ロイの物質波の着想を引き出し, そしてシュレーディンガー方程式にいたる量
子力学の構築に発展したのである. このように, ボーアの原子模型は古典力学
から量子力学への発展に重要な役割を果たし, 前期量子論とよばれている.

### 2.4.1 水素原子のスペクトル

ボーアが原子模型を構築するのに際し, 解決しなければならなかったのは,
水素原子の線スペクトルの実験結果である. アーク灯やガイスラー管に電流を

流すと，光が出てくる．この光を分光器を使って分析すると，さまざまな波長のスペクトルが見られ，それらを詳細に調べると，物質を構成している原子に特有なスペクトルが線になって現れていることがわかる．1885年，バルマーは，当時観測されていたもっとも簡単な水素原子の線スペクトルのうち，可視部にある4個のスペクトル線 $H_\alpha$, $H_\beta$, $H_\gamma$, $H_\delta$（図2.8 (a)）の波長がきわめて正確に

$$\lambda = B\frac{m^2}{m^2 - 2^2}, \qquad m = 3, 4, 5, 6, \ldots \tag{2.31}$$

という簡単な式で表せることを発見した（$B = 3645.6 \times 10^{-10}$ m）．線スペクトルの振動数 $\nu$ は $\nu\lambda = c$ より，

$$\nu = Rc\left(\frac{1}{2^2} - \frac{1}{m^2}\right), \quad m = 3, 4, 5, 6, \ldots \tag{2.32}$$

となる．ここで，

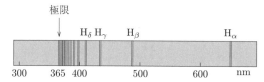

(a)　水素原子の可視部のスペクトルの波長（バルマー系列）

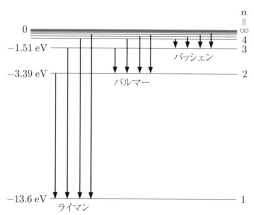

(b)　水素原子の可視部のエネルギー準位とその間の遷移

図 **2.8**　線スペクトル（1nm=$10^{-9}$m）

$$R = \frac{4}{B} = 1.0973 \times 10^7 \, \text{m}^{-1} \tag{2.33}$$

をリュードベリ定数という．式 (2.31) で得られる結果と観測値を比較したのが，表 2.1 である．5 桁目に違いがあるが，この一致は驚くべきものである．さらに，水素原子の線スペクトルの振動数のすべてが式 (2.32) を一般化した式，

$$\nu = Rc \left( \frac{1}{n^2} - \frac{1}{m^2} \right), \qquad m > n \tag{2.34}$$

で表せることがわかった．$n = 1$ はライマン系列，$n = 2$ は上記のバルマー系列，$n = 3$ はパッシェン系列とよばれている（図 2.8 (b)）．

**表 2.1** バルマーの公式で得られる波長と観測値の比較

| スペクトル | $m$ | バルマーの公式 ($\times 10^{-10}$m) | 観測値 ($\times 10^{-10}$m) |
|---|---|---|---|
| $H_\alpha$ | 3 | 6562.08 | 6562.10 |
| $H_\beta$ | 4 | 4860.80 | 4860.74 |
| $H_\gamma$ | 5 | 4340.00 | 4340.10 |
| $H_\delta$ | 6 | 4101.30 | 4101.20 |

古典論では，任意の周期運動をする系から放射される光のスペクトルは，基本振動数とその 2 倍，3 倍，…，となるから，実験で $m \to \infty$ にみられる集積点 ($\lambda = B$) も古典論によれば $\lambda = 0$ にみられなければならない．このように，式 (2.31) と古典論から予想される波長との間に類似点はまったくない．これらの実験結果のすべてが，次に学ぶボーアの原子論で見事に説明される．

### 2.4.2 ボーアの原子論

ボーアは式 (2.34) にどのような自然の法則が秘められているのかを探求した．まず，式 (2.34) をプランクのエネルギー量子，アインシュタインの光量子に現れるエネルギー $h\nu$ の形に書き換えれば，

$$h\nu = hcR \frac{1}{n^2} - hcR \frac{1}{m^2} \tag{2.35}$$

となる．そして，右辺の各項をそれぞれ，$(-E_n), (-E_m)$ と書き換えると

$$h\nu = E_m - E_n \tag{2.36}$$

となる．そして，ボーアはこの式の意味する自然の法則を 2 つの仮説で表した（1913 年）．

## ボーアの仮説

**仮説 1**（定常状態の存在）：水素原子内の電子は，加速度運動をしても電磁波を放出しないエネルギー一定の特別な状態にある．この状態を定常状態とよぶ．

**仮説 2**（振動数条件）：電子は1つの定常状態にとどまっているのではなく，定常状態間を遷移する．その遷移の際に，電磁波を放射または吸収する（図 2.9）．

$$h\nu = E_m - E_n \qquad (2.37)$$

ここで，$E_m, E_n$ は下から $m$ 番目，$n$ 番目 $(m > n)$ の定常状態のエネルギーである．

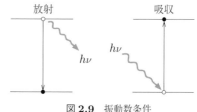

**図 2.9** 振動数条件

さらに，ボーアは定常状態の求め方について，次の量子条件を提唱した．

## 量子条件

定常状態は，電子の古典軌道のうち角運動量 $l$ が $\hbar\ (= h/2\pi)$ の整数倍となるものである．すなわち，

$$l = n\hbar \qquad (2.38)$$

量子条件，式 (2.38)，を水素原子の電子の円運動にあてはめれば，水素原子の定常状態にある電子の軌道半径とエネルギー準位は

$$r_n = \frac{\varepsilon_0 h^2}{\pi m e^2} n^2 \qquad (2.39)$$

$$E_n = -\frac{m e^4}{8\varepsilon_0{}^2 h^2} \frac{1}{n^2} = -\frac{13.6}{n^2}\ \text{eV} \qquad (2.40)$$

と求められる（例題 2.6 参照）．式 (2.40) から期待されるリュードベリ定数が実験値（式 (2.33)）ときわめてよい一致を示したことはまったく驚くべきことであった．

例題 **2.6 (水素原子の軌道半径とエネルギー準位)** ボーアの原子論を用いて,水素原子の定常状態にある電子軌道の半径(式 (2.39))とエネルギー準位(式 (2.40))を求めよ.また,その結果を用いて,リュードベリ定数を計算せよ.

[**解**] 陽子が静止しているとして,電子の円運動を古典的に考える.円運動の半径を $r$,電子の速度を $v$ とすれば,力のつりあいの式は

$$m\frac{v^2}{r} = \frac{e^2}{4\pi\varepsilon_0 r^2} \tag{2.41}$$

となる($\varepsilon_0$ は真空の誘電率).$l = mvr$ より,ボーアの量子条件は

$$mvr = n\frac{h}{2\pi} \tag{2.42}$$

となり,

$$v = \frac{nh}{2\pi mr} \tag{2.43}$$

となる.この式と式 (2.41) から

$$r_n = \frac{\varepsilon_0 h^2}{\pi m e^2}n^2 \tag{2.44}$$

を得る.すなわち,量子条件は円軌道の半径を量子化することがわかった.

電子のエネルギー

$$E = \frac{1}{2}mv^2 - \frac{e^2}{4\pi\varepsilon_0 r} \tag{2.45}$$

は,式 (2.41) を用いると

$$E = -\frac{e^2}{8\pi\varepsilon_0 r} \tag{2.46}$$

となるので,式 (2.44) を用いて

$$E_n = -\frac{me^4}{8\varepsilon_0{}^2 h^2}\cdot\frac{1}{n^2} \tag{2.47}$$

を得る.基底状態(最低エネルギー状態:$n = 1$)の軌道半径

$$r_1 = \frac{\varepsilon_0 h^2}{\pi m e^2} = 0.53 \times 10^{-10}\ \mathrm{m} \tag{2.48}$$

はボーア半径とよばれている.

次に,式 (2.47) を式 (2.37) に代入すれば

$$\nu = \frac{me^4}{8\varepsilon_0{}^2 h^3}\left(\frac{1}{n^2} - \frac{1}{m^2}\right) \tag{2.49}$$

となる.この式を式 (2.34) と比較すれば,

$$R = \frac{me^4}{8\varepsilon_0{}^2 h^3 c} \tag{2.50}$$

を得る.$m, e, \varepsilon_0, c, h$ の値(付録 A.1)を代入すれば,5 桁まで実験結果(式 (2.33))と一致する.

### 2.4.3　フランク・ヘルツの実験──定常状態の存在の検証──

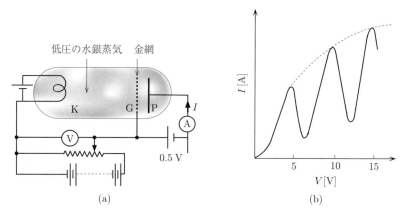

**図 2.10**　(a) フランク・ヘルツの実験の概念図と (b) 金網 G の電圧 $V$ と電流 $I$ の関係

　ボーアが提唱した「定常状態」が原子において実在し，電子との衝突で実際に定常状態間を遷移することを実験的に検証したのは，フランクとヘルツであった（1914 年）．

　図 2.10 (a) に彼らが用いた実験装置の概念図を示す．水銀の低圧気体を封入した放電管の陽極 P の直前には P より 0.5 V だけ電位の高い金網 G がある．電子にとって G は位置エネルギーの谷間で，ここで運動エネルギーをほとんどなくした電子は管外に排出されるようになっている．

　水銀原子が（とびとびのエネルギーをもつというような）内部自由度をもたない剛体球のようなものとして電子と衝突すれば，（両者の質量が格段に違うので，）エネルギーのやりとりはゼロとみなせ電子は方向を変えるだけで，電子はすべて P に到達し，$I-V$ 特性は図 2.10 (b) の破線で示すようなものとなる．ところが，水銀原子が基底状態 $E_1$ のうえに励起状態 $E_2$ をもてば，励起エネルギー，$E_2 - E_1$，より大きな運動エネルギーをもった電子は水銀原子を励起することができる．電子の運動エネルギーがもっとも大きくなるのは G のところであるから，この励起は最初 G のところで起こり，その電子は管外に除去されて $I$ に寄与できない．よって，その $V$ で $I$ の降下が始まる．すなわち，$I-V$ 特性にくぼみが見られれば，それは，水銀原子が定常状態にあって，異

なる定常状態の間を移り変わることを示していることになる.

彼らの得た $I-V$ 特性は,図 2.10 (b) の実線で 4.9 V 間隔のくぼみが見られるものであった.2番目のくぼみに関与した電子は KG の中間で 1 回目の励起を行い,再び加速されて G で再度励起を行ったとみられる.くぼみに幅があるのは陰極を出てくるときの電子の運動エネルギー分布に幅があることを示している.

この放電管から $h\nu = 4.9\,\mathrm{eV}$ に相当する波長 253.7 nm の紫外線が放射されるのも観測された.これは,励起された水銀が基底状態に戻るときに放射する光の波長に対応する.これらのことから,定常状態の存在と電子との衝突において,水銀原子はエネルギー差 4.9 eV の 2 つの定常状態の間を移り変わったことが実験的に確認されたのである.

## 2.5 ド・ブロイの物質波

ボーアの理論に画期的な成功をもたらした量子条件の物理的意味は,ド・ブロイ(1924 年)によって提案された物質波の考えで明らかとなった.光子で成立するアインシュタインの関係式,$p = h/\lambda$,をボーアの量子条件,$rp = n\hbar$,に代入すれば,

$$2\pi r = n\lambda \tag{2.51}$$

を得る.この式は,「円軌道の 1 周が波長の整数倍でなければならない」ことを意味している.ド・ブロイはこれが,「原子の中で電子は定在波として存在していることを示している」ことに気づいたのである(図 2.11).そしてこの波動性は電子のみに限られるはずはないとして,アインシュタインの式

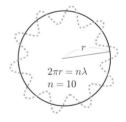

**図 2.11** 水素原子における電子の定常状態

$$E = h\nu \tag{2.52}$$

$$p = h/\lambda \tag{2.53}$$

が光子,電子のみならず,物質一般にも成立することを提唱した.よって,式 (2.52), (2.53) は**アインシュタイン–ド・ブロイの式**ともよばれ,物質粒子に適

用される場合，式 (2.53) はド・ブロイの式，その波はド・ブロイ波または**物質波**，その波長はド・ブロイ波長ともよばれる.

　「すべての粒子は波として振る舞う」というのがド・ブロイの提言である. しかし，「野球のボールも波動性をもつ」というその意外性に驚くことはない. マクロな粒子ではド・ブロイ波長がきわめて短いため波動性が観測されることはないのである. 電子のようなミクロな粒子ではじめて波動性がみえてくるのである（例題 2.7 参照）.

> **例題 2.7（ド・ブロイ波長）**　マクロな粒子，ミクロな粒子の波動性をド・ブロイ波長より推定せよ.

[解] 粒子の波動性の程度を，ド・ブロイ波の単スリットによる回折の程度から推測できる. スリット間隔を $d$，ド・ブロイ波長を $\lambda$ とすれば，$\lambda/d$ が回折の程度を示している（例題 2.8 の式 (2.64) 参照）. マクロな粒子の場合，[1] 質量 $m = 10^{-3}$ kg，速さ $v = 60\,\mathrm{m/s}$ とすれば，その $\lambda$ は $10^{-32}$ m である. この波長の波に回折が見られるためには，スリット間隔は $10^{-32}$ m 程度に狭くなければならない. そのようなスリットは準備できないから，このようなマクロな粒子の波動性が観察されることはない.

　一方，電子の場合，$m = 9 \times 10^{-31}$ kg で，速さを $v = 10^5$ m/s とすれば，$\lambda$ は $10^{-8}$ m 程度となる. これは原子の大きさ（$10^{-10}$ m）の 100 倍であるから，原子の大きさの 10 倍の幅をもつスリットを用いるとしても，それを通り抜けた電子波は完全に広がり，回折，すなわち，波動性が顕著に観測されることになる.

### 2.5.1　デビソンとジャーマーの実験—電子線回折—

　電子の波動性はデビソンとジャーマーの実験により確認された. 1927 年，かれらはニッケルの単結晶に電子線を当て（図 2.12 (a)），散乱された電子線の強さをいろいろな方向で測定し，図 2.12 (b) に示す回折像を得た. 回折像が得られたことは電子が波として振る舞っていることの疑いえない証拠となった.

　図 2.12 (a) で示すように，2 つの原子 A, B（原子間隔 $d$）によって散乱された電子波の経路差 $\overline{\mathrm{AC}}$（$= d\sin\theta$）が波長 $\lambda$ の整数倍，すなわち，

$$d\sin\theta = n\lambda \tag{2.54}$$

のとき，2 つの原子の散乱波の位相が遠方で一致するので，式 (2.54) を満たす

---

[1] このとき，マクロな粒子の場合でも，その重心を扱っていると考え，質点としてスリットを通り抜けると考える.

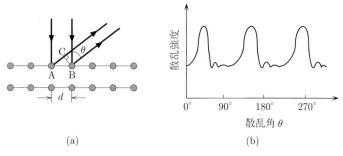

**図 2.12** (a) 電子の回折と (b) 反射電子ビームの角度分布

$\theta$ の方向で散乱強度は極大を示す．よって，実験結果（図 2.12 (b)）と式 (2.54) より波長 $\lambda$ が求められる．一方，加速電圧を $V$ とすれば，電子の運動エネルギーは eV に等しい．よって，

$$\frac{1}{2}mv^2 = \frac{p^2}{2m} = \frac{h^2}{2m\lambda^2} = eV \tag{2.55}$$

より，電子のド・ブロイ波長は

$$\lambda = \frac{h}{\sqrt{2meV}} = \sqrt{\frac{150.4}{V}} \times 10^{-10}\,\mathrm{m} \tag{2.56}$$

と求められる．式 (2.54) から求められた波長が式 (2.56) から求められたものと一致すること，および，同じ波長を用いた X 線による回折像が図 2.12 (b) と一致することの確認を経て，ド・ブロイの考えの正しいことが実証されたのである．

　このように，電子も波動性を示すことが実験的に確かめられた．また，陽子や中性子のみならず，分子の波動性も確かめられ，ド・ブロイの物質波の考えが，すべてのミクロな粒子で成り立つことが明らかとなり，2 重性が（光子も含めた）量子の基本的属性であることが確立されたのである．

## 2.6　不確定性原理

　古典力学では，粒子の位置と運動量をともに望むだけの精度で測定することができるとしている．しかし，その測定過程を検討していくと，電子のようなミクロな粒子の場合には，位置と運動量のような特別の組の物理量に対してはともに正確に測定することは不可能で，位置と運動量の測定値の不確かさの

間は,

$$\Delta x \cdot \Delta p_x \gtrsim h \tag{2.57}$$

で制限されていること,時間とエネルギーの間にも同様な制限,

$$\Delta t \cdot \Delta E \gtrsim h \tag{2.58}$$

があることがみ見いだされた(ハイゼンベルグ,1927 年).これは古典力学からは予想もされないことで,式 (2.57), (2.58) は**ハイゼンベルグの不確定性原理**とよばれ,量子の振る舞いの基本的な性質として,しばしば指導原理的役割を果たすことがある.この不確定性は,粒子の波動性に基づくもので(例題 2.8 参照),特に「原理」の名をつけないで,**不確定性関係**ともよばれる.

### 2.6.1 波動にみられる不確定性関係

関数 $e^{ikx}$ で,波数 $k$ を $-\infty$ から $\infty$ まで変えたものを用意すれば,任意の関数 $f(x)$ をこの関数系で展開することが可能であることが知られている(フーリエー変換).すなわち,その展開係数を $F(k)$ とすれば,

$$f(x) = \frac{1}{\sqrt{2\pi}} \int_{-\infty}^{\infty} F(k) e^{ikx} \, \mathrm{d}k \tag{2.59}$$

と表される.$f(x)$ をガウス分布として,$f(x)$ の不確定性 $\Delta x$ と $F(k)$ の不確定性 $\Delta k$ を求めれば(演習問題 2.1),

$$\Delta x \cdot \Delta k \sim 2 \tag{2.60}$$

を得る.同様に $t$ の関数 $g(t)$ とそのフーリエー変換 $G(\omega)$ の不確定性の積は,

$$\Delta t \cdot \Delta \omega \sim 2 \tag{2.61}$$

となる.単スリットによる回折実験で不確定性積を見積もれば,$\pi$ より大きいという結果が得られる(例題 2.8 参照).図 2.13 に見られるように,$\Delta x$ と $\Delta k$(同じく $\Delta t$ と $\Delta \omega$)は相補的で,一方が大きければ他方は小さく,その積はだいたい 2 より小さくはなれない.

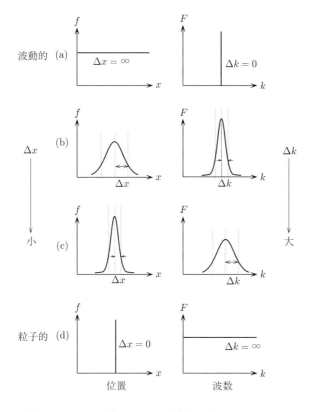

波動的 (a)　$\Delta x = \infty$　$\Delta k = 0$

$\Delta x$ (b)　$\Delta x$　$\Delta k$　$\Delta k$

小 (c)　$\Delta x$　$\Delta k$　大

粒子的 (d)　$\Delta x = 0$　$\Delta k = \infty$

位置　波数

**図 2.13** ガウス分布における不確定性関係 $\Delta x \cdot \Delta k \sim 2$

**例題 2.8 (波動にみられる不確定性関係)**　単スリットの回折実験から不確定性積 $\Delta x \cdot \Delta k$ の値を評価せよ.

[**解**] 図 2.14 (a) で, 波数 $k\ (= 2\pi/\lambda)$ の波が単スリット (幅 $d$) に垂直に入射したとする. スリット面の手前では, $\Delta k_x = 0$, また, 波の $x$ 方向の存在範囲に制限はないので, $\Delta x = \infty$ である.

スリットを通り抜けた波は

$$d \sin\theta = n\lambda \quad (n = \pm1, \pm2, \cdots) \tag{2.62}$$

を満たす方向で完全に打ち消し合って強度は 0 になる. 図 2.14 (b) に示すように, その強度分布は $\theta = 0$ を中心に

$$-\frac{\lambda}{d} < \sin\theta < \frac{\lambda}{d} \tag{2.63}$$

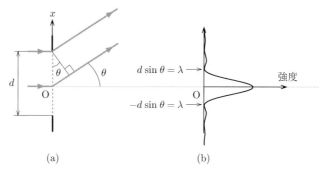

**図 2.14**　単スリットによる波の回折

を満たす $\theta$ で極端に大きいので，回折の程度は

$$\sin\theta = \frac{\lambda}{d} \tag{2.64}$$

を満たす $\theta$ から見積もられる．$|\sin\theta| > \lambda/d$ にも少し強度分布はあるので，$\sin\theta$ の広がりの半分は

$$\sin\theta \gtrsim \frac{\lambda}{d} \tag{2.65}$$

で与えられる．式 (2.65) に $k = 2\pi/\lambda$ をかければ $k_x$ の広がりの半分 $\Delta k_x$ は

$$\Delta k_x \gtrsim \frac{2\pi}{d} \tag{2.66}$$

となる．一方，$x$ の広がりの半分はスリットの幅の半分を下限とするので，

$$\Delta x \gtrsim \frac{d}{2} \tag{2.67}$$

となる．式 (2.66), (2.67) より，

$$\Delta x \cdot \Delta k_x \gtrsim \pi \tag{2.68}$$

を得る．スリット手前での積，$\Delta x \cdot \Delta k_x = \infty \cdot 0$，も上式と同等とみられ，全空間にわたって上式 (2.68) が成立していると考えられる．

### 2.6.2　量子における不確定性関係

アインシュタイン–ド・ブロイの関係式 (2.52), (2.53) を用いれば，式 (2.60), (2.61) は位置と運動量，時間とエネルギーの間の関係の式

$$\Delta x \cdot \Delta p_x \gtrsim 2\hbar \qquad (y, z \text{ 成分についても同様}) \tag{2.69}$$

$$\Delta t \cdot \Delta E \ \gtrsim 2\hbar \tag{2.70}$$

に書き換えられる. これらはハイゼルベルグの不確定性原理 (式 (2.57), (2.58)) と同程度の不確定性関係を与え, 不確定性原理が粒子が波として振る舞うことに由来することを強く示唆している.

　測定値の不確定さというハイゼンベルグの定義に従って, $\Delta x, \Delta p_x$ を $x, p_x$ の測定値の分布のばらつきを表す標準偏差 (p.42) にとれば, 不等式

$$\Delta x \cdot \Delta p_x \geq \hbar/2 \tag{2.71}$$

が得られ, 位置と運動量の不確定性積の下限は厳密に $\hbar/2$ であることを示すことができる. しかし, 時間 $t$ とエネルギー $E$ の間の不確定性については, 上式 (2.71) のような厳密な証明はなく, 個々の問題でその積が推定されている. 不確定性関係は微視的な系でのみ問題になることは例題 2.9 で示される.

---

**例題 2.9 (マクロな粒子とミクロな粒子の不確定性関係)**　マクロな粒子とミクロな粒子で不確定性関係の役割を比較せよ.

---

[解]　質量 $m = 10^{-3}$ kg のマクロな粒子について, 重心の位置の決定の精度は $10^{-6}$ m であれば十分である. すなわち, $\Delta x = 10^{-6}$ m である. このとき, $\Delta p \sim \hbar/\Delta x = 6.6 \times 10^{-28}$ kg·m/s となる. よって, 速度の不確かさ $\Delta v = h/(m\Delta x) = 6.6 \times 10^{-25}$ m/s となり, この値は測定可能な限界から考えて完全に無視できる値である. すなわち, マクロな粒子に対し, $x, p$ ともに正確に測定可能であるとしてよいということになる.

　一方, 電子 ($m = 9 \times 10^{-31}$ kg) の場合には, 原子の大きさ $\sim 10^{-10}$ m に対して, $\Delta x \sim 10^{-11}$ m の精度が望まれるとすると, $\Delta v = h/(m\Delta x) = 7.3 \times 10^7$ m/s となる. 10 eV 程度のエネルギーの電子の速度は $v = \sqrt{2eV/m} = 1.9 \times 10^6$ m/s である. よって, この場合, 速度の不確定さは測定される速度より 1 桁以上大きくなる. すなわち, 原子の世界では不確定性原理が決定的な役割を演じることがわかる.

### 2.6.3　不確定性原理による基底状態の計算：水素原子

　不確定性原理は量子力学から導かれるものであるので, 不確定性原理を用いれば系の基底状態のエネルギーや電子の広がりなどについて (量子力学の詳しい計算をせずに) 定性的に正しい結果を得ることができると期待される. その際, 不確定性積の下限の値が結果に大きく影響する.

　ここでは水素原子を扱い, 不確定性積を $\hbar$ ととる. 電子が半径 $r$ の球内にあるとすれば, 位置の不確定性は $r$, 運動量の不確定性は $\Delta p = \hbar/r$ となる. 基底

状態を扱うので，運動量をその不確定性の大きさにとると，運動エネルギーは，

$$\frac{(\Delta p)^2}{2m} \sim \frac{\hbar^2}{2mr^2} \qquad (2.72)$$

となる．すなわち，運動エネルギーは電子を核から遠ざけるように働く．一方，クーロン力による位置エネルギーは

$$-\frac{e^2}{4\pi\varepsilon_0 r} \qquad (2.73)$$

なので，エネルギー $E(r)$ は

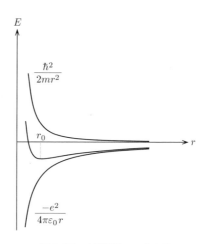

図 **2.15** 水素原子のエネルギー

$$E(r) = \frac{\hbar^2}{2mr^2} - \frac{e^2}{4\pi\varepsilon_0 r} \qquad (2.74)$$

と表される（図 2.15）．$E(r)$ が最小になる $r$ の値 $r_0$ は，$\mathrm{d}E/\mathrm{d}r = 0$, すなわち，

$$-\frac{\hbar^2}{mr^3} + \frac{e^2}{4\pi\varepsilon_0 r^2} = 0 \qquad (2.75)$$

から

$$r_0 = \frac{4\pi\varepsilon_0 \hbar^2}{me^2} \qquad (2.76)$$

と導かれる．対応するエネルギーは式 (2.76) を式 (2.74) の $r$ に代入して，

$$E = -\frac{me^4}{32\pi^2\varepsilon_0^2\hbar^2} \qquad (2.77)$$

となる．式 (2.76), (2.77) の半径，エネルギーは，式 (2.39), (2.40) で $n = 1$ とおいて得られる基底状態のものと一致する．この一致は，不確定性積を $\hbar$ ととったことによる．「狭い空間に電子を閉じ込めると運動エネルギーが増大する」というのは，不確定性原理からくるきわめて普遍的な傾向である．

―――――――――――――――――― **演習問題 2** ――――――――――――――――――

*1*. 式 (2.59) (p.30) で $f(x) = e^{-x^2/a^2}$ と与えられたとき $f(x), F(k)$ の半値幅の積 $\Delta x \cdot \Delta k$ の値を求めよ．ただし，積分公式：$\displaystyle\int_0^\infty e^{-x^2/\alpha^2} \cos \beta x\, \mathrm{d}x = (\sqrt{\pi}\alpha/2)e^{-\alpha^2\beta^2/4}$ を使ってもよい．

*2*. 波長 $\lambda = 4 \times 10^{-7}$ m（紫色）の光子のエネルギーを求めよ．

*3*. 仕事関数 1.8 eV のセシウムに光電効果を起こすのに必要とされる限界振動数を求めよ．

*4*. コンプトン散乱において，波長 0.071 Å の X 線が入射方向と 90° の方向に散乱された散乱 X 線の波長を求めよ．

*5*. ボーアの水素原子模型を用いて，ライマン系列の最初の 4 つの線スペクトルの波長を求めよ．

*6*. 100 V で加速された電子の速度を求め，光速と比較せよ．

*7*. 速さ 150 km/h の野球ボール (140 g) のド・ブロイ波長を求めよ．

# 第3章 〜〜〜 シュレーディンガー方程式

## 3.1 波動関数

　前章では，光子も含めミクロの粒子はすべて，粒子性と波動性をもつことを学んだ．ここでは，その2重性をより詳しく調べるために，電子の干渉縞生成実験をみてみよう．

　図3.1は複スリットによる干渉縞生成実験の概念図で，スリット面に垂直に入射した電子は，スリットを通過し，十分

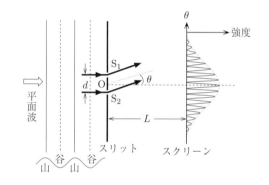

**図3.1**　複スリットによる電子波の干渉縞

遠方におかれたスクリーンで検出されるようになっている．干渉縞の生成は，スクリーンで検出されるまで電子は波として振る舞っているとして，次のように説明される．すなわち，左方から来た波がスリット $S_1$ および $S_2$ を通り抜けた後のスリット面右方の波動 $h$ は，ホイヘンスの原理によって，スリット $S_1$ だけを開けた場合の波動 $h_1$ と $S_2$ だけを開けた場合の波動 $h_2$ の重ね合わせで与えられる（$h = h_1 + h_2$）．波の強度は波動の絶対値の2乗に比例するので，スリットを2つとも開けた場合の強度 $I$ は，（$h_{1(2)}$ の強度を $I_{1(2)}$ として）

$$I = |h|^2 = |h_1 + h_2|^2 \tag{3.1}$$

$$= |h_1|^2 + |h_2|^2 + (h_1^* h_2 + h_1 h_2^*) \tag{3.2}$$

$$= I_1 + I_2 + (h_1^* h_2 + h_1 h_2^*) \tag{3.3}$$

となる.$I$ と $I_1 + I_2$ との差の部分(上式 (3.3) 第3項)は,$h_1$ と $h_2$ の山と山,谷と谷が重なれば強めあい,山と谷が重なれば弱めあうという干渉効果を表すので,干渉項とよばれる.干渉縞が明るい方向 $\theta$ は,$S_1$, $S_2$ からの行路差が波長 $\lambda$ の整数倍になる方向で,$n$ を整数として,

$$d \sin \theta = n\lambda \tag{3.4}$$

より求められる.

　このようにして計算された(演習問題 3.1 参照)干渉縞の強度分布が図 3.1 に示されている.しかし,電子に対して波動 $h$ が何を表すのか,また,その波動性は電子1個の振る舞いなのか,それとも,たくさんの電子が関与してはじめてみられるものなのか,明らかではない.このようなことを明らかにするために,装置内に同時には2個以上の電子が存在することはまれであるような,弱い電子源を用いた干渉縞生成実験をみてみよう.

　図 3.2 は,電子が1個また1個と装置内に入ってくるにつれて,感光点が積算されていく様子を示したものである.個々の感光点は電子が粒子として検出されることを示しており,はじめ,波動性はまったく認められない.しかし,

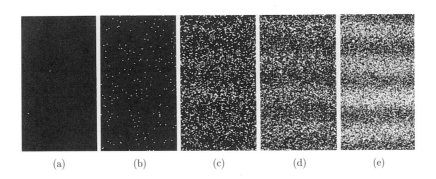

　　(a)　　　　(b)　　　　(c)　　　　(d)　　　　(e)

**図 3.2**　電子波による複スリットの干渉縞形成の時間変化
（日立製作所基礎研究所外村彰博士提供）

積算されるにつれて全体のパターンの中に干渉縞が浮かび上がってくるのが見え，積算の極限でこれは図 3.1 の干渉縞の強度分布に一致するものと思われる．すなわち，電子の検出確率の大小が干渉縞の強度分布に現れているのである．なお，この実験で他の電子の影響はまったくないから，干渉縞の形成（波動性）はまったく 1 電子の振る舞いなのである．すなわち，式 (3.1) に用いた波動は電子 1 個の波動性を表すもので，その強度が電子の検出（存在）確率を表すものなのである．このような波動は確率波ともいわれる．

そのような 1 個の電子の波動性を表す波動関数を $\psi$ とすれば，その強度 $|\psi|^2$ が電子の存在確率に比例すると解釈されるのである．波動関数のこの解釈は現在もっとも正統的であるとみなされているものである．ここでは図 3.2 の解釈から自然に出てきたものであるが，量子力学建設当時に出された考え方のうち，これがボルン（1926 年）によって提出されたもっとも妥当であるとされたものである．

波動関数は時間と位置の関数である．$\psi(\boldsymbol{r},t)$ が与えられたとき，時刻 $t$ に粒子の位置を測定した場合，点 $\boldsymbol{r}$ を含む微小体積 $\mathrm{d}V$ 内に電子が見いだされる確率は

$$|\psi(\boldsymbol{r},t)|^2 \, \mathrm{d}V \tag{3.5}$$

に比例する．これを全存在領域 $V$ で積分したものは（粒子はその中のどこかに必ず存在するから）1 になっている．すなわち，

$$\int_V |\psi(\boldsymbol{r},t)|^2 \, \mathrm{d}V = 1 \tag{3.6}$$

を満たすとき，式 (3.5) は絶対確率を表し，波動関数は規格化されている，という．

$$\frac{1}{\left(\int |\psi(\boldsymbol{r},t)|^2 \, \mathrm{d}V\right)^{1/2}} \times \psi(\boldsymbol{r},t) \tag{3.7}$$

が常に規格化されていることは容易に確かめられる．上式の係数部分を規格化因子とよぶことがある．上式 (3.7) は，波動関数とそれを定数倍したものは同じ波の状態を表していることを示している．

## 3.2 シュレーディンガー方程式

前節では，電子の波動性を記述する波動関数 $\psi$ の絶対値の 2 乗は電子の存在確率に比例するということがわかった．ここでは，波動関数 $\psi$ の従う方程式がどのような形をしているのか調べよう．

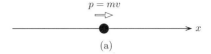

図 3.3 (a) のように，自由空間を $x$ 軸正方向に進んでいる質量 $m$，運動量 $p$ の粒子のエネルギー $E$ は

$$E = \frac{p^2}{2m} \tag{3.8}$$

と表される．対応するド・ブロイ波は，振動数 $\nu$，波長 $\lambda$ の，位相が $x$ 軸正方

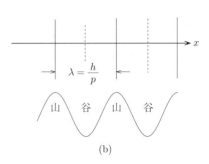

図 3.3 粒子と平面波

向に進む（全空間に広がった）平面波である（図 3.3 (b)）．$E, p$ は角振動数 $\omega$（$= 2\pi\nu$），波数 $k$（$= 2\pi/\lambda$）とアインシュタイン–ド・ブロイの関係式，

$$E = \hbar\omega, \qquad p = \hbar k \tag{3.9}$$

によって結ばれている．式 (3.8) に式 (3.9) を代入すると，

$$\omega = \frac{\hbar k^2}{2m} \tag{3.10}$$

を得る．これがド・ブロイ波で成り立つ $\omega$ と $k$ の間の関係式である．

さて，$\sin(kx - \omega t)$ と $e^{i(kx-\omega t)}$ はともに $x$ 軸正方向に進む平面波を表す．どちらが波動関数として適当であろうか．自由粒子の位置エネルギーは全空間ゼロであるから，自由粒子はどこにいても同じで，そのような粒子の存在確率は全空間で一様であるはずである．この点から 2 つの候補を検証すれば，$\sin(kx - \omega t)$ が与える存在確率，$\sin^2(kx - \omega t)$，は一様ではないから，$\sin(kx - \omega t)$ は失格である．一方，$e^{i(kx-\omega t)}$ は一様な存在確率を与える．よって，$e^{i(kx-\omega t)}$ を自由粒子の波動関数として採用してみよう．

$$\psi = e^{i(kx-\omega t)} \tag{3.11}$$

に対して次の2式を得る.

$$ i\hbar \frac{\partial \psi}{\partial t} = \hbar \omega \psi \tag{3.12} $$

$$ -\frac{\hbar^2}{2m} \frac{\partial^2 \psi}{\partial x^2} = \frac{\hbar^2 k^2}{2m} \psi \tag{3.13} $$

上2式の右辺は,式 (3.10) が成り立つド・ブロイ波に対して等しくなるから,等式

$$ i\hbar \frac{\partial \psi}{\partial t} = -\frac{\hbar^2}{2m} \frac{\partial^2 \psi}{\partial x^2} \tag{3.14} $$

が成立する.これはド・ブロイ波に対し自由粒子解,式 (3.11),をもつ微分方程式である.

　さて,式 (3.14) を,自由粒子のエネルギーの式

$$ E = \frac{p_x{}^2}{2m} \tag{3.15} $$

と比べれば,式 (3.15) で $E$ を $i\hbar \partial/\partial t$ に,$p_x$ を $-i\hbar \partial/\partial x$ に置き換えて,それぞれの項の右端に $\psi$ を付けるという操作で式 (3.14) が得られることがわかる.位置エネルギー $V(x)$ がゼロでない場合のエネルギーの式

$$ E = \frac{p_x{}^2}{2m} + V(x) \tag{3.16} $$

に対しても同じ手続きを用いてよいとすれば,

$$ i\hbar \frac{\partial \psi}{\partial t} = -\frac{\hbar^2}{2m} \frac{\partial^2 \psi}{\partial x^2} + V(x)\,\psi \tag{3.17} $$

が得られる.3次元の場合には,

$$ E = \frac{1}{2m}\left(p_x{}^2 + p_y{}^2 + p_z{}^2\right) + V(x, y, z) \tag{3.18} $$

に対応して

$$ i\hbar \frac{\partial \psi}{\partial t} = -\frac{\hbar^2}{2m}\left(\frac{\partial^2 \psi}{\partial x^2} + \frac{\partial^2 \psi}{\partial y^2} + \frac{\partial^2 \psi}{\partial z^2}\right) + V(x, y, z)\,\psi \tag{3.19} $$

となる.

　これがシュレーディンガーが発見したド・ブロイ波が従わなければならない波動方程式—シュレーディンガー方程式—なのである.これは時間 $t$ に関する微分を含むので,時間に依存するシュレーディンガー方程式とよばれることがある.このようにシュレーディンガー方程式はあっけないくらい簡単に得られ

たが，もちろんその妥当性について証明されたわけではなく，この方程式は数多くの問題に適用してその妥当性が検証されるべきものである．驚くことにこれまでのところ実験結果との一致は完璧であって，シュレーディンガー方程式は量子力学の基礎方程式として確固とした位置を確立しているのである．

なお，シュレーディンガー方程式を

$$i\hbar\frac{\partial\psi}{\partial t} = \widehat{H}\psi \tag{3.20}$$

と表す場合がある．このとき，$\widehat{H}$ はハミルトニアン，または，ハミルトニアン演算子とよばれ，扱う系の次元やポテンシャルの形はすべて $\widehat{H}$ に入っている．式 (3.19) の場合，$\widehat{H}$ は，

$$\widehat{H} = -\frac{\hbar^2}{2m}\left(\frac{\partial^2}{\partial x^2} + \frac{\partial^2}{\partial y^2} + \frac{\partial^2}{\partial z^2}\right) + V(x,y,z) \tag{3.21}$$

と表される．

さて，時間に依存するシュレーディンガー方程式 (3.20) が虚数単位 $i$ を含んでいるため，波動関数 $\psi$ は複素数でなければならない．このことは，式 (3.20) の $\psi$ として実（または純虚）の関数を用いれば，$\widehat{H}$ が実の演算子であるから，$\psi = 0$ となる．すなわち，そのような解は存在しないことがわかる．波動関数 $\psi$ は複素数であるから波動関数自身を観測することはできない．観測にかかるのは，その絶対値の 2 乗である．

## 3.3　物理量と演算子

式 (3.18) から式 (3.19) を導いた際，古典的な物理量を演算子に置き換えた．このような操作を量子化の手続きという．基本的物理量の量子化の手続きを表 3.1 にあげておく．この手続きを用いれば，これら基本的物理量から合成される，より複雑な物理量の演算子も求めることができる（演習問題 3.3）．同表の，たとえば，$\widehat{E}$ のハット記号は，$E$ が演算子であることを明記するためである．

**表 3.1**　量子化の手続き

| 物理量 | 演算子（記号） | 作用 |
|---|---|---|
| エネルギー | $\widehat{E}$ | $\widehat{H}$ |
| 運動量 | $\widehat{p_x},\ \widehat{p_y},\ \widehat{p_z}$ | $-i\hbar\partial/\partial x,\ -i\hbar\partial/\partial y,\ -i\hbar\partial/\partial z$ |
| 座標 | $\widehat{x},\ \widehat{y},\ \widehat{z}$ | $x\times,\ y\times,\ z\times$ |

## 3.4　測定値の分布

電子は波動関数 $\psi$ によって記述される波として振る舞っており，その存在確率は $|\psi|^2$ に比例することをみてきた．ある1回の測定で，電子がどこで発見されるかは $\psi$ がゼロのところでは発見されないこと以外は予測不可能である．しかし確率事象として，測定値の平均値（期待値）とその平均値のまわりのばらつきの程度（標準偏差）を予測することはできる．

### 3.4.1　期待値

物理量として電子の位置 $x$ を考えよう．その期待値を $\langle x \rangle$ と書く．$\psi$ が規格化されていれば，$x \sim x + \mathrm{d}x$ の間の期待値への寄与は，$x|\psi(x)|^2\,\mathrm{d}x$ である．よって，

$$\langle x \rangle = \int_{-\infty}^{\infty} x|\psi|^2\,\mathrm{d}x \tag{3.22}$$

となる．

一般の物理量 $A$ の期待値は，

$$\langle A \rangle = \int_{-\infty}^{\infty} \psi^* \widehat{A} \psi\,\mathrm{d}x \tag{3.23}$$

で与えられる．表式

$$\langle A \rangle = \frac{\int \psi^* \widehat{A} \psi\,\mathrm{d}x}{\int |\psi|^2\,\mathrm{d}x} \tag{3.24}$$

は規格化されていない場合にも用いられる一般式である．

### 3.4.2　標準偏差

物理量 $A$ の測定値の，期待値 $\langle A \rangle$ のまわりのばらつきを表す標準偏差を $\Delta A$ で表すと，その2乗 $(\Delta A)^2$ は，$(A - \langle A \rangle)^2$ の期待値として計算される．すなわち，

$$
\begin{aligned}
(\Delta A)^2 &= \int_{-\infty}^{\infty} \psi^* (\widehat{A} - \langle A \rangle)^2 \psi\,\mathrm{d}x \\
&= \int_{-\infty}^{\infty} \psi^* (\widehat{A^2} - 2\widehat{A}\langle A \rangle + \langle A \rangle^2) \psi\,\mathrm{d}x \\
&= \int_{-\infty}^{\infty} \psi^* \widehat{A^2} \psi\,\mathrm{d}x - \langle A \rangle^2 = \langle A^2 \rangle - \langle A \rangle^2
\end{aligned}
$$

よって，標準偏差は

$$\Delta A = \sqrt{\langle A^2 \rangle - \langle A \rangle^2} \tag{3.25}$$

と与えられる．

## 3.5 固有状態

図 3.4 に 2 つの状態 $\psi, \psi_c$ の存在確率が示
されている．$\psi$ の状態で位置 $x$ を測定すれ
ば，測定値は $a \sim b$ の間にばらつく．しかし，
広がりがゼロとみなされる $\psi_c$ の状態での測
定値は常に $c$ である．このように，測定値が
確定値をもつ状態はその物理量にとって特別
の状態であって，これを固有状態とよび，そ
の測定値を固有値とよぶ．$\psi_c$ は位置 $\hat{x}$ の固
有値 $c$ に属する固有状態である．

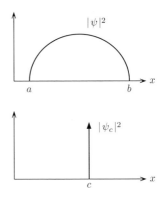

**図 3.4** $\psi$ と $\psi_c$ の存在確率

### 3.5.1 固有値方程式

ある物理量の演算子 $\hat{A}$ の 1 つの固有値を $a$ とするとき，固有値方程式

$$\hat{A}\varphi = a\varphi \tag{3.26}$$

を満足する波動関数 $\varphi$ が存在する．$\varphi$ を固有値 $a$ に属する $\hat{A}$ の固有関数（固
有状態）という．1 つの固有値に属する固有関数は 1 つとは限らない．複数個
存在するとき，その固有値は縮退しているという．また固有値には，とびとび
である場合（離散的固有値），連続している場合（連続固有値），両者が混在し
ている場合がある．

ある物理量を測定したとき，得られる測定値は，その演算子の固有値のうち
のいずれかとする．どの固有値がどれだけの確率で得られるかということは測
定する状態によって決まるのである（節 3.6 参照）．

### 3.5.2 いろいろな固有関数

1. エネルギーの固有関数

シュレーディンガー方程式

$$i\hbar \frac{\partial \psi}{\partial t} = \widehat{H}\psi \tag{3.27}$$

の解が

$$\psi(\boldsymbol{r},t) = u(\boldsymbol{r})\,e^{-i\frac{\varepsilon}{\hbar}t} \tag{3.28}$$

の形で与えられるとき，$\psi(\boldsymbol{r},t)$ に $i\hbar\,\partial/\partial t$ を作用させれば，エネルギーの固有値方程式

$$i\hbar \frac{\partial \psi}{\partial t} = \varepsilon\psi \tag{3.29}$$

が得られる．また，式 (3.27) に式 (3.28) を代入すれば，ハミルトニアンの固有値方程式

$$\widehat{H}u = \varepsilon u \tag{3.30}$$

が得られる．式 (3.29) は $\psi$ がエネルギーの固有状態であることを示しているが，エネルギー固有値 $\varepsilon$ は式 (3.30) の解として与えられる．式 (3.28) の $\psi$ が与える存在確率

$$|\psi(\boldsymbol{r},t)|^2 = |u(\boldsymbol{r})|^2 \tag{3.31}$$

は時間的に一定で，このことから，エネルギー一定の状態は定常状態であることがわかる．式 (3.30) はシュレーディンガー方程式ともよばれるが，時間を含まないので，特に，時間に依存しないシュレーディンガー方程式とよばれることがある．波動関数が複素数でなければならないのは，時間に依存するシュレーディンガー方程式，式 (3.27)，の解 $\psi$ であって，波動関数 $u$ は複素数でも実数でもどちらでもよい．

2. 位置の固有関数

位置 $\widehat{x}$ の固有値 $x_0$ に属する固有関数 $u_{x_0}(x)$ は，固有値方程式

$$\widehat{x}u_{x_0}(x) = x_0 u_{x_0}(x) \tag{3.32}$$

を満たす．上式左辺は $xu_{x_0}(x)$ に等しいから，$u_{x_0}(x)$ は，

$$(x - x_0)u_{x_0}(x) = 0 \tag{3.33}$$

の解である．$u_{x_0}(x)$ は，$x \neq x_0$ ならば 0，$x \to x_0$ で無限大に発散する．この関数は，ディラックのデルタ関数とよばれ，$x = x_0$ に関して対称で，$\delta(x - x_0)$ と書かれる．その振る舞いの特異性からわかるように，これは

普通の意味の関数ではなく "広い意味の関数" で，たとえば，$x = x_0$ に立てた底面の幅 $\varepsilon$ 高さ $1/\varepsilon$ の長方形で $\varepsilon$ を $0$ にした極限をとったものを想像してもよい.

ディラックのデルタ関数の積分規則の $1$ つをあげておく. ただし，$f(x)$ は任意関数である.

$$f(x) = \int_{-\infty}^{\infty} f(c)\delta(x - c)\,\mathrm{d}c \tag{3.34}$$

3. 運動量の固有関数

$C$ を定数として，

$$\varphi_k = Ce^{ikx} \tag{3.35}$$

と表される波動関数 $\varphi_k$ は，運動量 $\widehat{p_x} = -i\hbar\,\partial/\partial x$ の固有値方程式

$$-i\hbar\frac{\partial\varphi_k}{\partial x} = \hbar k\varphi_k \tag{3.36}$$

を満たす. よって，$Ce^{ikx}$ は固有値 $\hbar k$ に属する運動量 $\widehat{p_x}$ の固有状態である.

$Ce^{ikx}$ の存在確率は一様であるので，$x$ を $-\infty$ から $+\infty$ の間で規格化することはできない. このような場合，$x$ の変域を長さ $L$ に限り，その両端で波動関数が等しくなること，すなわち，

$$\varphi_k(x + L) = \varphi_k(x) \tag{3.37}$$

を要求して規格化をすることがある. これを周期的境界条件という. 規格化積分

$$\int_0^L |\varphi_k(x)|^2\,\mathrm{d}x = 1 \tag{3.38}$$

より，$C$ を実数に選べば，$C = 1/\sqrt{L}$ となる. $e^{ik(x+L)} = e^{ikx}$ より，$e^{ikL} = 1$，すなわち，$n$ を整数として，$kL = 2n\pi$ の関係を満たさなければならない. よって，$k$ は

$$k = n\frac{2\pi}{L} \tag{3.39}$$

となって離散値をとり，

$$\varphi_k = \frac{1}{\sqrt{L}} e^{ikx} \tag{3.40}$$

となる. $L$ を十分大きくとれば, $k$ の間隔は十分小さく抑えられる. 式 (3.39) の $k$ を用いた $\varphi_k$ が規格直交化されていることは, 演習問題 3.5 に確かめられる.

### 3.5.3　直交関数系

前小節でいくつかの演算子の固有値, 固有関数を求めた. その際, 運動量の演算子について, 異なる固有値に属する固有関数が直交するのをみた. ここでは, この固有関数の直交性は物理量の演算子がもつ一般的性質で, よって, 物理量の演算子はみな, その固有関数が直交関数系を作ることを示す.

演算子 $\widehat{A}$ が, $x$ の任意の関数, $\phi_1, \phi_2$ との間に,

$$\int_{-\infty}^{\infty} (\widehat{A}\phi_1)^* \phi_2 \, dx = \int_{-\infty}^{\infty} \phi_1^* \widehat{A}\phi_2 \, dx \tag{3.41}$$

の関係を満たすとき, $\widehat{A}$ はエルミート演算子といわれる. 容易に確かめられるように (演習問題 3.7), 物理量の演算子はすべてエルミート演算子である.

式 (3.41) で, $\phi_1 = \phi_2 = \varphi$, とおいて, $\varphi$ を固有値が $a$ である $\widehat{A}$ の固有関数とすれば,

$$(a^* - a) \int_{-\infty}^{\infty} \varphi^* \varphi \, dx = 0 \tag{3.42}$$

を得る. ここで, $\displaystyle\int_{-\infty}^{\infty} \varphi^* \varphi \, dx \neq 0$ だから, $a^* = a$, すなわち, エルミート性 (式 (3.41)) は固有値が実数であることを要請していることがわかる.

また, 式 (3.41) において, $\phi_1, \phi_2$ が, それぞれ, 固有値が $a_1, a_2$ の $\widehat{A}$ の固有関数 $\varphi_1, \varphi_2$ であるとし, また, 固有値が実数であることを用いれば,

$$(a_1 - a_2) \int_{-\infty}^{\infty} \varphi_1^* \varphi_2 \, dx = 0 \tag{3.43}$$

を得る. これより, $a_1 \neq a_2$ であれば, 重なり積分 $\displaystyle\int_{-\infty}^{\infty} \varphi_1^* \varphi_2 \, dx$ はゼロとなる. すなわち, エルミート演算子の異なる固有値に属する固有関数は直交することが導かれた.

## 3.6　期待値の確率解釈

　式 (3.23) にしたがって積分を実行すれば，その積分値として物理量 $A$ の期待値の総量を得る．しかし，波動関数 $\psi$ を演算子 $\widehat{A}$ の固有関数で展開しておけば，期待値は，個々の固有状態からの寄与の和として与えられることを示そう．

　いま，エルミート演算子 $\widehat{A}$ は縮退のない離散的固有値をもつとし，その固有値，固有関数を $(a_i, \varphi_i, i = 1, 2, \cdots)$ と記す．固有関数それぞれが規格化されているとすれば，固有関数は規格直交関数系を作り，その固有関数間の重なり積分は，

$$\int_{-\infty}^{\infty} \varphi_i{}^* \varphi_j \, \mathrm{d}x = \delta_{ij} = \begin{cases} 1 & i = j \\ 0 & i \neq j \end{cases} \tag{3.44}$$

で与えられる．ただし，$\delta_{ij}$ はクロネッカーのデルタである．

　さて，ここで，この直交関数系の完全性[1]を仮定[2]して，系の任意の状態関数 $\psi$ を $\widehat{A}$ の固有関数の重ね合わせ（1 次結合）で表す．

$$\psi = \sum_i c_i \varphi_i \tag{3.45}$$

　$\varphi_i$ と式 (3.45) の重なり積分は，

$$\int \varphi_i^* \psi \, \mathrm{d}x = \sum_j c_j \int \varphi_i^* \varphi_j \, \mathrm{d}x = \sum_j c_j \delta_{ij} = c_i \tag{3.46}$$

となる．また，全領域に電子は必ず 1 つ存在するから，$\psi$ は 1 に規格化されており，

$$
\begin{aligned}
1 &= \int \psi^* \psi \, \mathrm{d}x \\
&= \sum_i c_i^* \sum_j c_j \int \varphi_i^* \varphi_j \, \mathrm{d}x = \sum_i c_i^* \sum_j c_j \delta_{ij} \\
&= \sum_i |c_i|^2
\end{aligned} \tag{3.47}
$$

を得る．上式は，$\psi$ の中に $\varphi_i$ が重み $|c_i|^2$ で含まれていることを示している．

---

[1] 関数系の 1 次結合で任意の関数を表せること．1 次結合は線形結合とも呼ぶ．
[2] 式 (3.34)，および，式 (2.59) は，それぞれ，位置 $\widehat{x}$，運動量 $\widehat{p_x}$ の固有関数が完全系をなすことを示している．

また，$A$ の期待値は，

$$\langle A \rangle = \int \psi^* \widehat{A} \psi \, dx = \sum_i c_i^* \sum_j c_j \int \varphi_i^* \widehat{A} \varphi_j \, dx$$

$$= \sum_i c_i^* \sum_j c_j a_j \delta_{ij}$$

$$= \sum_i |c_i|^2 a_i \tag{3.48}$$

となる．上 2 式は，測定値として固有値 $a_i$ が確率 $|c_i|^2$ で得られると解釈され，期待値は固有状態ごとの寄与の和として表されている．

——————————— 演習問題 3 ———————————

1. ヤングの干渉縞の強度分布（図 3.1）を求めよ．
2. 力学的エネルギー $E$ が，それぞれ，次のように与えられているとき，対応する，時間に依存しないシュレーディンガー方程式を書き下せ．

   (a) $E = \dfrac{1}{2} m v_x{}^2$

   (b) $E = \dfrac{p_x{}^2}{2m} + \dfrac{1}{2} m \omega^2 x^2$

   (c) $E = \dfrac{1}{2m} \left( p_x{}^2 + p_y{}^2 \right) + V(x, y)$

3. 次の角運動量の演算子を求めよ．

   (a) $l_x = y p_z - z p_y$

   (b) $l_y = z p_x - x p_z$

   (c) $l_z = x p_y - y p_x$

4. 物理量の固有状態でその物理量を測定すれば，固有値が確定値として得られることを，期待値と標準偏差を計算して示せ．
5. 周期的境界条件を満たす 1 次元の運動量固有関数（式 (3.39), (3.40)）は規格直交化されていることを示せ．
6. 物理量 $A$ の固有関数は $A^n$ の固有関数でもあることを示し，その固有値を求めよ．ただし，$n$ は正の整数であるとせよ．
7. $\widehat{p_x}$ がエルミート演算子であることを確かめよ．ただし，無限遠で波動関数は十分速くゼロに近づくものとせよ．

# 第4章 〰️ 1次元の定常状態

　これまでみてきた電子が示す粒子と波動の2重性は，陽子，中性子，原子や分子などにも見られる一般的な性質である．これらを以下では単に「粒子」と総称する．本章では，粒子がエネルギー一定の定常状態にあり，ポテンシャルや波動関数が $x$ のみの関数で表される場合について考える．そして，以下の重要な量子力学の性質を学ぶ．

　粒子が有限な空間領域に束縛されている「束縛状態」には以下の性質がある．

(1)　エネルギーはとびとびの値のみが許される，

(2)　質量が小さい粒子ほど，また，束縛領域が狭くなるほどエネルギーレベル間隔は大きくなる．

(3)　波動関数の節の数が増えると，そのエネルギーレベルは高くなる．

　一方，粒子が無限遠から入射したのち無限遠へと去っていく「散乱状態」には以下の性質がある．

(1)　エネルギーは連続的な値をとる．

(2)　粒子の透過率は古典力学ではゼロの場合でも有限になることがある（トンネル効果）．

(3)　直接透過した波や多重反射されてから透過した波の間の干渉が透過率のエネルギー依存性に現れる．

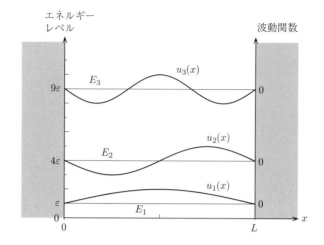

**図 4.1**　無限井戸型ポテンシャルとその中の粒子の波動関数 $u_n(x)$ やエネルギーレベル $E_n$

## 4.1　無限に深い井戸型ポテンシャル

　ここでは，以下の式で表される幅 $L$ の無限に深い井戸型ポテンシャルを考えよう．

$$V(x) = \begin{cases} 0 & \cdots \quad 0 < x < L \\ \infty & \cdots \quad x < 0, L < x \end{cases} \tag{4.1}$$

井戸の中 $(0 < x < L)$ での時間に依存しないシュレーディンガー方程式

$$-\frac{\hbar^2}{2m}\frac{\mathrm{d}^2 u(x)}{\mathrm{d}x^2} = Eu(x) \tag{4.2}$$

の一般解は $A, B$ を定数として，

$$u(x) = A\cos kx + B\sin kx \tag{4.3}$$

と表される．ここで

$$k = \sqrt{2mE}/\hbar \tag{4.4}$$

は波数を表す．無限大のポテンシャルのため井戸の外 $(x < 0, L < x)$ では $u(x) = 0$ となるが，これは粒子が「束縛状態」にあることを意味する．波動関数 $u(x)$ は $x$ の連続関数でなければならない．$x = 0$ での連続条件より式 (4.3) で $A = 0$，すなわち $u(x) = B\sin kx$ となる．さらに $x = L$ での連続条件から求められる $\sin kL = 0$ より $n$ を自然数として

$$k = k_n \equiv n\pi/L \tag{4.5}$$

と $k$ はとびとびの値 $k_n$ のみが許される．$k = k_n$ に対応するエネルギー $E_n$ や井戸内 $(0 < x < L)$ での波動関数 $u_n(x)$ は，$u(x) = B \sin kx$ や式 (4.4) に式 (4.5) を代入して，

$$E_n = \hbar^2 k_n^2/2m = n^2\pi^2\hbar^2/(2mL^2) \equiv n^2\varepsilon \tag{4.6}$$

$$u_n(x) = B \sin\left(\frac{n\pi}{L}x\right) \tag{4.7}$$

と表される．波数がとびとびの値をとることからエネルギーもとびとびの値になることがわかる．(4.7) の $B$ はゼロ以外の任意の定数であり複素数であってもよい．物理量の期待値が (4.7) の定数因子 $B$ に依存しないことは，式 (4.7) を式 (3.24), (3.28) に代入すれば確かめることができる．このように波動関数には，波動関数全体にかかる定数因子に関して任意性がある．規格化された実数の波動関数を考える場合でも $B$ の正負までは定まらず，$B = \pm\sqrt{2/L}$ となる．図 4.1 では，$n = 1$ のとき $B > 0$ に，$n = 2, 3$ のとき $B < 0$ に選んだ．

　粒子が一番低いエネルギー準位にある状態は「基底状態」，それより高いエネルギー準位にある状態は「励起状態」，エネルギーの低い方から数えて $I$ 番目の励起状態は「第 $I$ 励起状態」とよばれる．いまの場合，$n = 1$ のときが基底状態，$n$ が 2 以上のときが第 $(n-1)$ 励起状態で，$n$ とともにエネルギーが高くなる．この $n$ のように粒子の状態を指定する数は量子数とよばれる．

　図 4.1 には $n = 1, 2, 3$ についてエネルギーレベル $E_n$ を水平線で，それを横軸として $u_n(x)$ を示した．（端点 $x = 0, L$ 以外で）$u(x) = 0$ となる位置を節またはノードとよぶが，図 4.1 や式 (4.7) の関数形からもわかるように節の数は $n - 1$ 個になる．節の数 $n - 1$ 個が増えると波長は $\lambda = 2L/n$ と $n$ に反比例して短くなるため，運動エネルギーが増加し $E_n$ も増加する．このような節の数が多いほどエネルギーが高いという関係は，次節以降でも現れる．

## 4.2　1次元対称ポテンシャル中の波動関数の偶奇性

　1次元の対称ポテンシャル $V(x) = V(-x)$ の下で束縛状態の波動関数は，$u(-x) = u(x)$（偶関数）か $u(-x) = -u(x)$（奇関数）のいずれかになることが証明される．以下の例題の結果は，その証明に用いられる．

> **例題 4.1**　1 次元空間の束縛状態では，縮退がないことを証明せよ.

[解] 以下の式 (4.8),(4.9) で示すように同じエネルギー $E$ の 2 つの波動関数 $u_1(x), u_2(x)$ があったとしよう.

$$Eu_1(x) = -\frac{\hbar^2}{2m}\frac{\mathrm{d}^2}{\mathrm{d}x^2}u_1(x) + V(x)u_1(x) \tag{4.8}$$

$$Eu_2(x) = -\frac{\hbar^2}{2m}\frac{\mathrm{d}^2}{\mathrm{d}x^2}u_2(x) + V(x)u_2(x) \tag{4.9}$$

$u_2\times$ (4.8)$-u_1\times$(4.9) を辺々計算すると，(左辺)$= u_2Eu_1 - u_1Eu_2 = 0$ となり，一方，右辺では $Vu_1u_2$ の項はキャンセルしあうので，

$$0 = -u_2\frac{\mathrm{d}^2u_1}{\mathrm{d}x^2} + u_1\frac{\mathrm{d}^2u_2}{\mathrm{d}x^2} = \frac{\mathrm{d}}{\mathrm{d}x}\left(-u_2\frac{\mathrm{d}u_1}{\mathrm{d}x} + u_1\frac{\mathrm{d}u_2}{\mathrm{d}x}\right) \tag{4.10}$$

となる. これより，$D$ を定数として

$$D = -u_2\frac{\mathrm{d}u_1}{\mathrm{d}x} + u_1\frac{\mathrm{d}u_2}{\mathrm{d}x} \tag{4.11}$$

となる. さらに，$u_1, u_2$ は束縛状態であること，すなわち，$x = \infty$ のとき $u_1 = 0, u_2 = 0$ であることから，式 (4.11) の $D$ はゼロになることがわかる. したがって，式 (4.11) を $u_1u_2$ で割ったものから

$$\frac{1}{u_1}\frac{\mathrm{d}u_1}{\mathrm{d}x} - \frac{1}{u_2}\frac{\mathrm{d}u_2}{\mathrm{d}x} = 0 \tag{4.12}$$

すなわち

$$\frac{\mathrm{d}u_1}{u_1} - \frac{\mathrm{d}u_2}{u_2} = 0 \tag{4.13}$$

を得る. これより $C$ を定数として，$\log(u_2/u_1) = C$ を得る. これは $u_1/u_2$ が定数であること，すなわち縮退がないことを示す.


シュレーディンガー方程式

$$-\frac{\hbar^2}{2m}\frac{\mathrm{d}^2}{\mathrm{d}x^2}u(x) + V(x)\,u(x) = Eu(x) \tag{4.14}$$

で $x \to -x$ と置き換えると

$$-\frac{\hbar^2}{2m}\frac{\mathrm{d}^2}{\mathrm{d}x^2}u(-x) + V(-x)\,u(-x) = Eu(-x) \tag{4.15}$$

が得られる. ポテンシャルの対称性 $V(-x) = V(x)$ から，式 (4.15) の $V(-x)$ を $V(x)$ に置き換えることができ，これより $u(-x)$ もエネルギー $E$ の波動関数であることがわかる. 例題 4.1 に示した定理より，エネルギー $E$ に縮退はないから $u(x)$ と $u(-x)$ は同じ状態を表す，すなわち，定数 $c$ を用いて $u(-x) = cu(x)$

が成り立つ. この式で $x$ を $-x$ に置き換えると $u(x) = cu(-x)$ となるが, この2式より $u(x) = cu(-x) = c^2 u(x)$, すなわち, $c = \pm 1$ が求められる. 波動関数 $u(x)$ は $c = 1$ の場合が偶関数, $c = -1$ の場合が奇関数となる.

## 4.3　有限の深さの井戸型ポテンシャルでの束縛状態

　図で示すような

$$V(x) = \begin{cases} 0 & \cdots \ |x| < a \ \text{のとき} \\ U & \cdots \ |x| > a \ \text{のとき} \end{cases} \quad (4.16)$$

と表される井戸型ポテンシャルの束縛状態 $(0 < E < U)$ を考えよう.

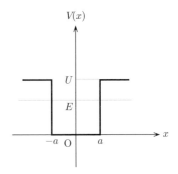

**図 4.2**　有限の深さの井戸型ポテンシャル

　領域を I $(x < -a)$, II $(-a < x < a)$, III $(a < x)$ の3つに分け, それぞれの領域での波動関数を $u^{\mathrm{I}}(x)$, $u^{\mathrm{II}}(x)$, $u^{\mathrm{III}}(x)$ と表す. 領域 I, III では $V(x) = U$ であるから, $u^{\mathrm{I}}, u^{\mathrm{III}}$ が満たすシュレーディンガー方程式は

$$\left( -\frac{\hbar^2}{2m}\frac{\mathrm{d}^2}{\mathrm{d}x^2} + U \right) u(x) = Eu(x) \quad (4.17)$$

となる. すなわち, 式 (4.17) は,

$$\alpha = \sqrt{2m(U - E)}/\hbar \quad (4.18)$$

を用いて,

$$\frac{\mathrm{d}^2 u}{\mathrm{d}x^2} = \alpha^2 u \quad (4.19)$$

となり, その一般解は定数 $C, D$ を用いて

$$u^{\mathrm{III}}(x) = Ce^{-\alpha x} + De^{\alpha x} \quad (4.20)$$

となる. しかし, $x \to -\infty$ のとき $u^{\mathrm{I}}$ が発散しないためには $C = 0$ でなければならないので

$$u^{\mathrm{I}}(x) = De^{\alpha x} \quad (4.21)$$

となる. これは $-x$ 方向に向かって $1/\alpha$ 進むにつれて $1/e$ 倍（約 0.368 倍）ずつ小さくなる. $1/\alpha$ は減衰長とよばれる.

節 4.2 の結果からわかるように，$u(x)$ は偶関数か奇関数になるから $u^{\mathrm{I}}$ が決まれば $u^{\mathrm{III}}$ は決まってしまう．すなわち，

$$u^{\mathrm{III}}(x) = \pm D e^{-\alpha x} \tag{4.22}$$

ここで複号は上が偶関数の場合（$u^{\mathrm{III}}(x) = u^{\mathrm{I}}(-x)$）に，下が奇関数の場合（$u^{\mathrm{III}}(x) = -u^{\mathrm{I}}(-x)$）に対応する．

一方，$u^{\mathrm{II}}$ が満たすシュレーディンガー方程式は式 (4.2) と同じで，したがって $u^{\mathrm{II}}$ の一般解は式 (4.3) で表されるが，$u(x)$ が偶関数のときは $B = 0$ でなければならず，波数 $k = \sqrt{2mE}/\hbar$ を用いて

$$u^{\mathrm{II}}(x) = A \cos kx \tag{4.23}$$

と表される．また奇関数のときは $A = 0$ でなければならず，

$$u^{\mathrm{II}}(x) = B \sin kx \tag{4.24}$$

と表される．

$x = -a$ で $u^{\mathrm{I}}$ と $u^{\mathrm{II}}$ が滑らかにつながるためには，$u^{\mathrm{I}}(-a) = u^{\mathrm{II}}(-a)$ と $\dfrac{\mathrm{d}u^{\mathrm{I}}}{\mathrm{d}x}\bigg|_{x=-a} = \dfrac{\mathrm{d}u^{\mathrm{II}}}{\mathrm{d}x}\bigg|_{x=-a}$（波動関数とその微分が連続）の 2 つの式が成り立つ必要がある（この 2 つの式が満たされれば，$x = a$ において滑らかに接続される条件は $u(x)$ の対称性のため自動的に満たされる）．これより $u(x)$ が偶関数の場合は，式 (4.21) と式 (4.23) を用いて

$$De^{-\alpha a} = A \cos ka \tag{4.25}$$

$$\alpha De^{-\alpha a} = kA \sin ka \tag{4.26}$$

が得られ，また $u(x)$ が奇関数の場合は，式 (4.21) と式 (4.24) を用いて

$$De^{-\alpha a} = -B \sin ka \tag{4.27}$$

$$\alpha De^{-\alpha a} = kB \cos ka \tag{4.28}$$

が得られる．

式 (4.25) と式 (4.26) の左辺同士，右辺同士の比をとると

$$\alpha = k \tan ka \tag{4.29}$$

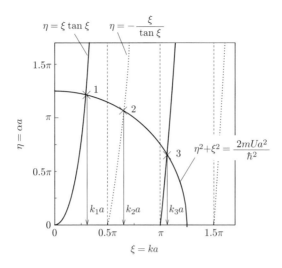

図 **4.3** 式 (4.29), (4.30), (4.31) を満たす $k$ と $\alpha$ を求めるグラフ. 垂直な破線は $\xi = 0.5\pi, \pi, 1.5\pi$ を表す.

が, 式 (4.27) と式 (4.28) の左辺同士, 右辺同士の比をとると

$$\alpha = -k/\tan ka \tag{4.30}$$

がそれぞれ求められる.

図 4.3 に示されるように解はグラフ的に求めることができる. ここで横軸に $\xi \equiv ka$ を, 縦軸に $\eta \equiv \alpha a$ をとってあり, 式 (4.29) に対応する $\eta = \xi \tan \xi$ と式 (4.30) に対応する $\eta = -\xi/\tan \xi$ はそれぞれ実線と点線の曲線で示している. 一方, 式 (4.18) と $k = \sqrt{2mE}/\hbar$ から

$$\xi^2 + \eta^2 = (2mUa^2)/\hbar^2 \tag{4.31}$$

が導かれるが, これに対応する半径 $\sqrt{2mU}(a/\hbar)$ の円周と曲線 $\eta = \xi \tan \xi$ の交点が偶関数解, この円周と $\eta = -\xi/\tan \xi$ の交点が奇関数解を与える. 例として, $2mUa^2/\hbar^2 = (5\pi/4)^2$ のときの交点を, 図 4.3 中に × 印で示した. 1, 3 が偶関数解, 2 が奇関数解である. また, $U = 5.80\,\varepsilon$ のときの $E_n$ と $u_n(x)$ を図 4.4 (a) に, $U = \infty$ のときの $E_n$ と $u_n(x)$ を図 4.4 (b) に示した. 図 4.3, 4.4 から以下のことがわかる.

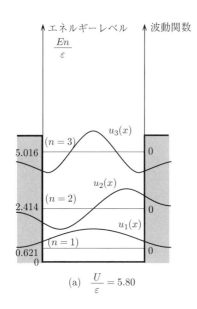

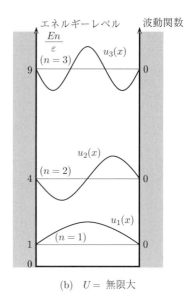

(a)　$\dfrac{U}{\varepsilon} = 5.80$ 　　　　　(b)　$U =$ 無限大

**図 4.4**　図 4.1 と同様に表したエネルギーレベル $E_n$ と波動関数 $u_n(x)$ (a)$U = 5.80\varepsilon$ のとき (b)$U = \infty$ のとき

1. $U$ の大きさが整数 $I$ を用いて

$$\frac{\pi}{2}(I-1) < \sqrt{2mU}(a/\hbar) < \frac{\pi}{2}I \tag{4.32}$$

   の範囲にあるとき，束縛状態の数は $I$ 個である（図 4.3 は，$I = 3$ の場合である）．すなわち，$U > 0$ のときは，少なくとも 1 個は束縛状態がある[1]．

2. 図 4.4 からわかるように，井戸内の波長は $U = \infty$ の場合に比べて長くなり，その分エネルギーが下がる．

3. 波動関数のノードの数，偶奇性の順序は，$U = \infty$ の場合と同じである[2]．

## 4.4　調和振動子ポテンシャル

ばね定数 $k$ のばねで束縛された質量 $m$ の物体は古典的には角周波数 $\omega = \sqrt{k/m}$ で調和振動をするため，調和振動子とよばれる．また，このバネのポテ

---

[1] ただし，$y, z$ 方向も $x$ 方向と同様な井戸型の形をした 2 次元や 3 次元の井戸型ポテンシャルの場合，深さが浅くなると束縛状態がゼロ個になる．

[2] 節 4.4 の調和振動子ポテンシャルでも $n$ の偶奇と $u_n(x)$ の対称性の間に対応がある．

ンシャルエネルギー

$$V(x) = (k/2)x^2 = (m\omega^2/2)x^2 \tag{4.33}$$

を調和振動子ポテンシャルとよぶ. 原子のつりあいの位置からの変位を $x$ とすると, $x$ が小さい場合の原子の位置エネルギーは $V(x) \simeq V(0) + (k/2)x^2$ と近似できるため, 調和振動子で固体・分子内の原子の振動を表すことができる. 調和振動子の波動関数やエネルギーレベルを厳密に求める前にまずは簡便な近似計算を行ってみよう.

### 4.4.1 近似計算

ポテンシャル (4.33) は $|x| \to \infty$ で無限大になるため, 節 4.1 の無限井戸型ポテンシャルのときと同様に束縛状態しか現れない. また, エネルギーレベルが高くなるにつれて偶奇性が交替で現れること, 節の数が 1 つずつ多くなること等は節 4.1 の井戸型ポテンシャルと同じ振る舞いを示すことが予想される. 節 4.1 では $n = 1$ を基底状態とした. 本節では $n = 0$ を基底状態とする. 節の数が $n$ 個の波動関数を $u_n(x)$, そのエネルギーを $E_n$ と書く. また, $u_n(x)$ の空間的な広がりを $-a_n < x < a_n$ (すなわち $|x| > a_n$ のとき $u_n(x) \simeq 0$) と表すこととする. $a_n$ は古典力学の調和振動子の振幅に相当するものなので, エネルギー $E_n$ とともに大きくなることが予想される.

上述の空間的な広がりの幅 $2a_n$ と節 4.1 の井戸幅 $L$ を対応させると, $u_n(x)$ の波長はおよそ $4a_n/(n+1)$ で与えられ, したがって, 運動エネルギーの期待値 $\langle p^2 \rangle/(2m)$ は

$$\frac{\langle p^2 \rangle}{2m} = \frac{h^2(n+1)^2}{32ma_n^2} \tag{4.34}$$

と見積もられる.

ところで, 古典力学では振幅 $A$ の調和振動子のエネルギー $E$ が $m\omega^2 A^2/2$ となること, および, ポテンシャルと運動エネルギーの時間平均値がともに $m\omega^2 A^2/4$ になることは容易に証明できる. いま議論している量子力学での調和振動子のエネルギー $E_n$, ポテンシャルや運動エネルギーの期待値 $\langle p^2 \rangle/(2m)$, $m\omega^2 \langle x^2 \rangle/2$ にも上述の古典力学の式で $A$ を $a_n$ に置き換えた式が成り立つと仮定し, これに式 (4.34) を用いると,

$$h^2(n+1)^2/(32ma_n^2) = m\omega^2 a_n^2/4 = E_n/2 \qquad (4.35)$$

が導かれる．これから

$$a_n \simeq \sqrt{\frac{h(n+1)}{2\sqrt{2}m\omega}} \qquad (4.36)$$

と

$$E_n \sim (n+1)\frac{h\omega}{4\sqrt{2}} \qquad (4.37)$$

が求められる．これは $(n+1)$ を $\left(n+\dfrac{1}{2}\right)$ に置き換え $2\sqrt{2}/\pi\,(=0.9003\cdots)$ 倍すれば後で求める厳密なエネルギーレベル (4.52) に一致することから，比較的よい見積もりになっているといえる．調和振動子を古典力学で考えると，振幅がゼロのときエネルギーは最低値ゼロになる．これとは対照的に，式 (4.36)，(4.37) が示しているように，量子力学の基底状態の振幅 $a_0$ や基底エネルギー $E_0$ は正の有限値になる．このことから，調和振動子の基底状態をゼロ点振動，基底エネルギーをゼロ点エネルギーと表現することがある．

　節 4.1 の場合，エネルギーレベルの間隔 $E_n - E_{n-1}$ は $n$ とともに増加したが，本節の調和振動子の場合 $n$ によらず等間隔になっている．これは $n, E_n$ が増加するとともに $u_n$ が感じるポテンシャルの幅 $a_n$ が増加すること，および節 4.1 のエネルギーレベル (4.6) はポテンシャルの幅 $a$ が増加すると小さくなることから定性的に理解できる．このように調和振動子ポテンシャルの主要な役割は粒子の可動域を制限することにあると思われる．

### 4.4.2　厳密な計算

　調和振動子のエネルギー準位 $E_n$ と波動関数 $u_n$ は，ハミルトニアン $H$ が

$$H = \frac{p^2}{2m} + \frac{m\omega^2}{2}x^2 = -\frac{\hbar^2}{2m}\frac{\partial^2}{\partial x^2} + \frac{m\omega^2}{2}x^2 \qquad (4.38)$$

のときの時間に依存しないシュレーディンガー方程式

$$Hu_n = E_n u_n \qquad (4.39)$$

を満たす．

$$b = \sqrt{\hbar/m\omega} \qquad (4.40)$$

を単位として表した位置

$$\xi = x/b \tag{4.41}$$

と $\hbar\omega/2$ を単位として表したエネルギー

$$\lambda_n = E_n/(\hbar\omega/2) \tag{4.42}$$

を用いると方程式 (4.39) は，

$$\frac{\mathrm{d}^2 u_n}{\mathrm{d}\xi^2} + (\lambda_n - \xi^2)u_n = 0 \tag{4.43}$$

と変形される．ここで $b$ や $\hbar\omega/2$ は，式 (4.36), (4.37) で $n = 0$ としたものに近いことから予想できるように，それぞれゼロ点振動の振幅，ゼロ点エネルギーを表す．$|\xi| \to \infty$ で，微分方程式 (4.43) とその解 $u(x)$ はそれぞれ

$$\frac{\mathrm{d}^2 u}{\mathrm{d}\xi^2} - \xi^2 u = 0 \tag{4.44}$$

と $u = a\xi^n e^{-\xi^2/2}$（$a$ は定数）に漸近していく．また，節 4.2 からわかるように $u$ は偶関数か奇関数でなければならない．以上のことから，$s = 0, 1$ として

$$u_n(x) = v_n(\xi)e^{-\xi^2/2} \tag{4.45}$$

$$v_n(\xi) = \sum_{l=0}^{N} a_l \xi^{(2l+s)} \tag{4.46}$$

と $u_n(x)$ が表されると仮定しよう．ここで $a_l$ は $\xi$ に依存しない係数で，$s = 0$ (1) は偶（奇）関数を与える．また $u_n$ が束縛状態であることは，式 (4.45) が有限個 [$(N+1)$ 個] の項からなる式であり，そのすべての項が無限遠 ($\xi \to \infty$) でゼロに収束することからわかる．$u_n$ や $v_n$ の添え字 $n$ は

$$n \equiv 2N + s \tag{4.47}$$

と定義され，$v_n$ が $\xi$ の $n$ 次多項式であることを示す ($a_{2N+s} = a_n \neq 0$).

　式 (4.46) 中の係数 $a_l$ を決定する方法は以下のとおりである．まず，式 (4.45) を式 (4.43) に代入すると，$v_n$ についての方程式

$$\frac{\mathrm{d}^2 v_n}{\mathrm{d}\xi^2} - 2\xi \frac{\mathrm{d}v_n}{\mathrm{d}\xi} + (\lambda_n - 1)v_n = 0 \tag{4.48}$$

が得られる．この式 (4.48) に式 (4.46) を代入すると，

$$-a_N(4N + 2s + 1 - \lambda_n)\xi^{2N+s} + \sum_{l=0}^{N-1} a_{l+1}(2l + s + 2)(2l + s + 1)\xi^{2l+s}$$

$$-\sum_{l=0}^{N-1} a_l(4l + 2s + 1 - \lambda_n)\xi^{2l+s} = 0 \tag{4.49}$$

となる．これが任意の $\xi$ で成り立たなければならないので，各 $\xi^{2l+s}$ の係数は
ゼロになる．$l = 0, 1, 2, \cdots, N - 1$ のときの係数より漸化式

$$a_{l+1} = \frac{(4l + 2s + 1 - \lambda_n)}{(2l + s + 2)(2l + s + 1)}a_l \quad (l = 0, 1, 2, \cdots, N - 1 \text{ のとき}) \tag{4.50}$$

が得られ，$\xi^{2N+s}$ の係数より

$$\lambda_n = 4N + 2s + 1 \tag{4.51}$$

が得られる．式 (4.51) に式 (4.47), (4.42) を用いると，等間隔のとびとびのエ
ネルギーレベル

$$E_n = \left(n + \frac{1}{2}\right)\hbar\omega \tag{4.52}$$

が得られる．一方，漸化式 (4.50) から決定される $a_l$ を用いて $u_n(x)$ も求めら
れる．以下，例として $u_0, u_1, u_2$ を求める．また，それらの関数形を図 4.5 に
表す．

(i)$n = 0$(基底状態) のとき
$v_0 = a_0$ より，$u_0 = a_0 e^{-\frac{x^2}{2b^2}}$

(ii)$n = 1$(第 1 励起状態) のとき
$v_1 = a_0\xi$ であるから，$u_1 = a_0 \dfrac{x}{b} e^{-\frac{x^2}{2b^2}}$

(iii)$n = 2$(第 2 励起状態) のとき
$a_1 = -2a_0$ より，$V_2 = a_0(1 - 2\xi^2)$ であるから，$u_2 = a_0\left[1 - 2\dfrac{x^2}{b^2}\right]e^{-\frac{x^2}{2b^2}}$

　式 (4.45) において $e^{-\xi^2/2}$ は正値の偶関数なので，偶奇性（偶関数か奇関数
か），および，節の位置と数は $u_n$ と $v_n$ で共通になる．これから節 4.4.1 の始
めに示した予想

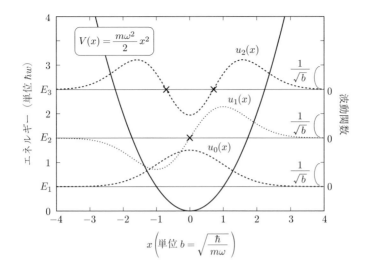

**図 4.5** 調和振動子ポテンシャル $V(x) = \dfrac{m\omega^2}{2}x^2$ とその中の粒子の波動関数 $u_n(x)$ やエネルギーレベル $E_n$. × 印は節を表す.

(1)  $n$ が偶数のときは $x$ の偶関数 $(u_n(-x) = u_n(x))$ であり，$n$ が奇数のときは奇関数 $(u_n(-x) = -u_n(x))$ である.

(2)  節の数が $n$ 個ある.

が確認できる.

## 4.5  散乱状態の反射率・透過率

　以上の節では束縛状態を議論したが，この節では平面波の波動関数が無限遠 $(x \to \infty,\ x \to -\infty)$ まで続いている，散乱状態とよばれる状態について議論する．これに対応する古典軌道は，粒子が無限遠から近づいてきた後に再び無限遠へと遠ざかっていく軌道である．

### 4.5.1  確率の流れの密度

　図 4.6 のように領域 I $(-\infty < x < x_1)$，II$(x_1 < x < x_2)$，III$(x_2 < x < \infty)$ の 3 つに空間を分ける．「確率の流れの密度」$J(x,t)$ を，時刻 $t$ のとき位置 $x$ にある $x$ 軸に垂直な単位断面積を通過して $x$ の正方向へ確率が移動する単位時

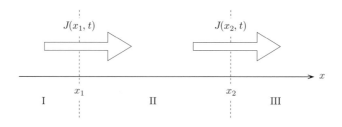

**図 4.6** 区間 $x_1 < x < x_2$ に流入する確率の流れ $J(x_1, t)$ と流出する確率の流れ $J(x_2, t)$

間あたりの量と定義すると,

$$\int_{x_1}^{x_2} \left[ \frac{\partial}{\partial t} |\psi(x,t)|^2 \right] dx = J(x_1, t) - J(x_2, t) \tag{4.53}$$

が成り立つ. すなわち, 領域 I からの流入 $J(x_1, t)$ と領域 III への流出 $J(x_2, t)$ の差によって領域 II での粒子の存在確率 $\int_{x_1}^{x_2} |\psi(x,t)|^2 \, dx$ は時間変化する (図 4.6 参照). ここで, 確率の流れの密度は,

$$J(x,t) = \frac{\hbar}{2mi} \left[ \psi^*(x,t) \frac{\partial}{\partial x} \psi(x,t) - \psi(x,t) \frac{\partial}{\partial x} \psi^*(x,t) \right] \tag{4.54}$$

と表すことができることを以下の例題で示す.

---

**例題 4.2**  式 (4.54) を, 式 (4.53) と時間に依存するシュレーディンガー方程式から導け.

---

[**解**] 式 (4.53) の左辺の被積分関数は,

$$\frac{\partial}{\partial t} |\psi|^2 = \frac{\partial}{\partial t} (\psi^* \psi) = \psi^* \frac{\partial}{\partial t} \psi + \psi \frac{\partial}{\partial t} \psi^* \tag{4.55}$$

と変形できる. この式に, 時間に依存するシュレーディンガー方程式

$$i\hbar \frac{\partial}{\partial t} \psi(x,t) = \left( -\frac{\hbar^2}{2m} \frac{\partial^2}{\partial x^2} + V(x,t) \right) \psi(x,t) \tag{4.56}$$

の両辺に $\psi^*/(i\hbar)$ をかけた式

$$\psi^* \frac{\partial}{\partial t} \psi = -\frac{\hbar}{2mi} \psi^* \frac{\partial^2}{\partial x^2} \psi + \frac{1}{i\hbar} V |\psi|^2 \tag{4.57}$$

および, その複素共役

$$\psi \frac{\partial}{\partial t} \psi^* = \frac{\hbar}{2mi} \psi \frac{\partial^2}{\partial x^2} \psi^* - \frac{1}{i\hbar} V |\psi|^2 \tag{4.58}$$

を代入すると,

$$\frac{\partial}{\partial t}|\psi|^2 = \frac{-\hbar}{2mi}\left(\psi^* \frac{\partial^2}{\partial x^2}\psi - \psi\frac{\partial^2}{\partial x^2}\psi^*\right) = \frac{-\hbar}{2mi}\frac{\partial}{\partial x}\left(\psi^*\frac{\partial}{\partial x}\psi - \psi\frac{\partial}{\partial x}\psi^*\right) \quad (4.59)$$

となる. この式の両辺を $x$ について $x = x_1$ から $x = x_2$ まで積分した式と式 (4.53) を比較すると式 (4.54) が求められる.

### 4.5.2 定常状態の確率の流れの密度

定常状態のとき波動関数 $\psi(x,t)$ は $\psi(x,t) = u(x)e^{-i\omega t}$ と表され, これを式 (4.54) に代入すると, 時間 $t$ に依存しない確率の流れの密度

$$J(x,t) = \mathrm{Re}\left[u^*(x)\frac{-i\hbar}{m}\frac{\mathrm{d}}{\mathrm{d}x}u(x)\right] = \mathrm{Re}\left[u^*(x)\frac{p_x}{m}u(x)\right] \quad (4.60)$$

が求められる. ここで, $\mathrm{Re}$ は実部を表す記号であり, また, $x$ 方向の運動量の演算子 $p_x$ を用いた表式を示した. 定常状態の場合は確率密度 $|\psi(x,t)|^2 = |u(x)|^2$ は時間変化しないので式 (4.53) の左辺はゼロになり, したがって, $J(x_1,t) = J(x_2,t)$ が任意の $x_1, x_2$ について成り立つ. これより $J$ は位置 $x$ にも依存しないことがわかる. このように 1 次元の場合, 定常状態の $J$ は定数である. 以下の例題で, その例を示す.

---

**例題 4.3** 波動関数が平面波 $u(x) = Ae^{ikx} + Be^{-ikx}$ のときの確率の流れの密度は,

$$J = (\hbar k/m)(|A|^2 - |B|^2) \quad (4.61)$$

であることを示せ. ここで $A, B$ は複素定数, $k$ は実数定数.

---

[解] $u(x) = Ae^{ikx} + Be^{-ikx}$ のとき,

$$-\frac{i\hbar}{m}u^*\frac{\mathrm{d}u}{\mathrm{d}x} = -\frac{i\hbar}{m}(A^*e^{-ikx} + B^*e^{ikx})ik(Ae^{ikx} - Be^{-ikx})$$

$$= \frac{\hbar k}{m}(|A|^2 - |B|^2) + \frac{\hbar k}{m}(AB^*e^{2ikx} - A^*Be^{-2ikx})$$

$$(4.62)$$

ここで, $\frac{\hbar k}{m}(|A|^2 - |B|^2)$ は実数になる. $AB^*e^{2ikx}$ と $A^*Be^{-2ikx}$ は互いに複素共役なので $(\hbar k/m)(AB^*e^{2ikx} - A^*Be^{-2ikx})$ は純虚数になる. よって, 式 (4.60) より, 式 (4.61) が求められる.

> **例題 4.4**　波動関数が減衰波 $u(x) = Ce^{-\alpha x} + De^{\alpha x}$ のときの確率の流れ
> の密度は,
>
> $$J = (2\hbar\alpha/m)\mathrm{Re}[iCD^*] \tag{4.63}$$
>
> であることを示せ. ここで $C, D$ は複素定数, $\alpha$ は実数定数.

**[解]** $u(x) = Ce^{-\alpha x} + De^{\alpha x}$ のとき,

$$
\begin{aligned}
-\frac{i\hbar}{m}u^*\frac{\mathrm{d}u}{\mathrm{d}x} &= -\frac{i\hbar}{m}(C^*e^{-\alpha x} + D^*e^{\alpha x})\alpha(-Ce^{-\alpha x} + De^{\alpha x}) \\
&= \frac{i\hbar}{m}\alpha(|C|^2e^{-2\alpha x} - |D|^2e^{2\alpha x}) + \frac{\hbar}{m}\alpha(iCD^* - iC^*D)
\end{aligned}
\tag{4.64}
$$

ここで, $(i\hbar\alpha/m)(|C|^2e^{-2\alpha x} - |D|^2e^{2\alpha x})$ は純虚数になる. 一方, $iCD^*$ と $-iC^*D$
は互いに複素共役なので, $(\hbar/m)(iCD^* - iC^*D)$ は実数になる. よって, 式 (4.60)
より, 式 (4.63) が求められる.

　式 (4.61) は, 密度 $|A|^2$ の連続体と密度 $|B|^2$ の連続体がそれぞれ逆向きの速
度, $+\hbar k/m$ と $-\hbar k/m$ で流れているときの, 速度に垂直な単位断面積あたり
の正味の流れに一致する[3]. 一方, 式 (4.63) では $|C|^2$ や $|D|^2$ は現れない.

### 4.5.3　階段型ポテンシャルの透過率

　図 4.7 のような $x < 0$ (領域 I)
では $V(x) = 0$, $x > 0$ (領域 II)
では $V(x) = U$ という階段型ポ
テンシャルで, エネルギー $E > 0$
の粒子が I から II へ入射した場
合を考えよう. ここでは $U > 0$
の場合だけ議論するが, $U < 0$
の場合の透過率も同様な方法で
計算できる.

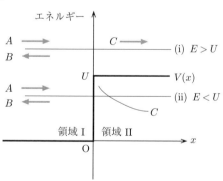

**図 4.7**　階段型ポテンシャル. 水平方向の矢印は
$A, B, C$ に対応する確率の流れの方向を示す.

---

[3] この速度 $\hbar k/m$ は「群速度」$\dfrac{\mathrm{d}\omega}{\mathrm{d}k}$ (波束の進む速度, 6 章参照) に一致する. 群速度 $\dfrac{\mathrm{d}\omega}{\mathrm{d}k}$
　と位相速度 $\dfrac{\omega}{k}$ は一般的に異なる. いまのように $\omega$ が $k^2$ に比例する場合, 位相速度は群
　速度の半分である.

領域 I の波動関数は波数 $k = \sqrt{2mE}/\hbar$ の平面波で，複素定数 $A, B$ を用いて

$$u(x) = Ae^{ikx} + Be^{-ikx} \tag{4.65}$$

と表される．ここで $Ae^{ikx}$ は入射波（$+x$ 方向に進行），$Be^{-ikx}$ は反射波（$-x$ 方向に進行）を表す．一方，領域 II の波動関数は (i)$E > U$ のときと (ii)$E < U$ のときで以下のように場合分けされる．

**(i) $E > U$ のとき**

領域 II での波数 $\beta = \sqrt{2m(E-U)}/\hbar$ と複素定数 $C$ を用いて領域 II の波動関数は

$$u(x) = Ce^{i\beta x} \tag{4.66}$$

と表される．ここで領域 II では $+x$ 方向に進む透過波だけで，$-x$ 方向に進む波はない．いま定常状態を考えているので確率の流れの密度は定数，すなわち「領域 I での流れ ＝ 領域 II での流れ」であるが，これは式 (4.61), (4.65), (4.66) より

$$\frac{\hbar k}{m}|A|^2 - \frac{\hbar k}{m}|B|^2 = \frac{\hbar \beta}{m}|C|^2 \tag{4.67}$$

と表される．ここで式 (4.67) の左辺第 1 項と第 2 項がそれぞれ入射波と反射波の確率の流れ，右辺が透過波の確率の流れを表し，透過率 $T$ と反射率 $R$ はこれらの比から

$$T = \frac{\beta|C|^2}{k|A|^2} \tag{4.68}$$

と

$$R = \frac{|B|^2}{|A|^2} \tag{4.69}$$

になる．また，式 (4.67) の両辺を $\frac{\hbar k}{m}|A|^2$ で割ると，$R + T = 1$ を表していることがわかる．

透過率は以下のように求められる．まず，$u(x)$ の $x = 0$ での連続性より

$$A + B = C \tag{4.70}$$

が求められ，$\mathrm{d}u(x)/\mathrm{d}x$ の $x = 0$ での連続性より

$$k(A - B) = \beta C \tag{4.71}$$

が求められる．これらの式を $B, C$ について解くと，

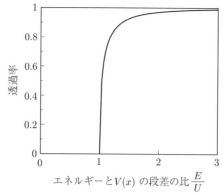

図 **4.8** 階段型ポテンシャルを粒子が通過する透過率の，粒子のエネルギーに対する依存性

$$C = 2kA/(k+\beta) \tag{4.72}$$

$$B = (k-\beta)A/(k+\beta) \tag{4.73}$$

が求められる．式 (4.68), (4.69) に式 (4.72), (4.73) を代入すると $R, T$ は

$$T = \frac{4k\beta}{(k+\beta)^2} = \frac{4\sqrt{E(E-U)}}{(\sqrt{E}+\sqrt{E-U})^2} \tag{4.74}$$

$$R = \frac{(k-\beta)^2}{(k+\beta)^2} = \frac{(\sqrt{E}-\sqrt{E-U})^2}{(\sqrt{E}+\sqrt{E-U})^2} \tag{4.75}$$

と表される．式 (4.74), (4.75) が $R+T=1$ を常に満たしていることは容易に確かめられる[4]．図 4.8 に透過率の式 (4.74) を示した．古典力学で考えた場合の透過率（$E<U$ のときゼロ，$E>U$ のとき 1）と異なることに注意しよう．

**(ii) $E<U$ のとき**

領域 II の波動関数は複素定数 $C$ と $\alpha = \sqrt{2m(U-E)}/\hbar$ を用いて

$$u(x) = Ce^{-\alpha x} \tag{4.76}$$

と表される減衰波（減衰長が $1/\alpha$）であることは節 4.3 の式 (4.21) を求めたときと同様に示すことができる．式 (4.76) は例題 4.4 で $D=0$ の場合に相当し，したがって，領域 II の確率の流れはゼロ，透過率もゼロである．

---

[4] このように透過率と反射率を別々に計算し，その和が 1 になるかどうかを調べることは計算ミスのチェックとして役立つ．

### 4.5.4　ポテンシャルバリアの透過率

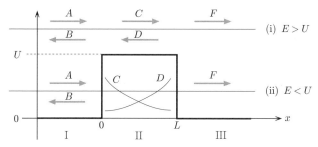

**図 4.9** ポテンシャルバリア. 水平方向の矢印は $A, B, C, D, F$ それぞれに対応する確率の流れを示す. また, $E < U$ のときの $C, D$ に対応する指数関数の空間的変化の概略図も示した.

図 4.9 のポテンシャル $V(x)$ は, 領域 I $(x < 0)$ と領域 III $(L < x)$ では $V(x) = 0$, 領域 II $(0 < x < L)$ では $V(x) = U$ $(U$ は正の定数) と表される. このようなポテンシャルをポテンシャルバリアとよぶ. 領域 I から正のエネルギー $E$ の粒子が入射する場合を考えよう. この場合, 領域 III には $+x$ 方向に進む透過波のみが存在し, その波動関数は定数 $F$ と $k = \sqrt{2mE}/\hbar$ を用いて

$$u(x) = Fe^{ikx} \tag{4.77}$$

と表される. 一方, 領域 I での波動関数は式 (4.65) と同様に

$$u(x) = Ae^{ikx} + Be^{-ikx} \tag{4.78}$$

と表される. ここで $A, B, F$ はそれぞれ入射波, 反射波, 透過波の (一般的には複素数になる) 振幅である. 透過率と反射率は以下のように (i) $E > U$ と (ii) $E < U$ に分けて求められる.

**(i) $E > U$ のとき**

領域 II の波動関数は複素定数 $C, D$ と領域 II での波数 $\beta = \sqrt{2m(E-U)}/\hbar$ を用いて

$$u(x) = Ce^{i\beta x} + De^{-i\beta x} \tag{4.79}$$

と表される. 前節の式 (4.66) の場合と異なり, $x = L$ で起こる反射のため $-x$ 方向に進む波 $De^{-i\beta x}$ が生じていることに注意しよう.

$x = 0$ での $u$ と $\dfrac{du}{dx}$ の連続性から

$$A + B = C + D \tag{4.80}$$

$$k(A - B) = \beta(C - D) \tag{4.81}$$

が求められる．一方，$x = L$ での $u$ と $\dfrac{\mathrm{d}u}{\mathrm{d}x}$ の連続性から

$$Ce^{i\beta L} + De^{-i\beta L} = Fe^{ikL} \tag{4.82}$$

$$\beta(Ce^{i\beta L} - De^{-i\beta L}) = kFe^{ikL} \tag{4.83}$$

が求められる．ここで求めなければならないものは $B, C, D, F$ の $A$ に対する 4 つの比であり，これらは 4 つの方程式 (4.80)-(4.83) から求められる．これらの式から $C, D$ を消去すれば透過率 $T$

$$T = \left| \frac{F}{A} \right|^2 = \left| \frac{4k\beta}{(k^2 + \beta^2)(e^{-i\beta L} - e^{i\beta L}) + 2k\beta(e^{-i\beta L} + e^{i\beta L})} \right|^2 \tag{4.84}$$

と反射率 $R$

$$R = \left| \frac{B}{A} \right|^2 = \left| \frac{(k^2 - \beta^2)(e^{-i\beta L} - e^{i\beta L})}{(k^2 + \beta^2)(e^{-i\beta L} - e^{i\beta L}) + 2k\beta(e^{-i\beta L} + e^{i\beta L})} \right|^2 \tag{4.85}$$

が求められる[5]．$T + R = 1$ が成り立っていることは，各自確かめてみよう（演習問題 4.4）．また，式 (4.84) に $k = \sqrt{2mE}/\hbar$ と $\beta = \sqrt{2m(E - U)}/\hbar$，を代入することにより，透過率のエネルギー依存性が

$$T = \left( 1 + \frac{U^2 \sin^2 \beta L}{4E(E - U)} \right)^{-1} \tag{4.86}$$

と表される．例として，$L = 7\hbar/\sqrt{2mU}$ のときの透過率 (4.86) を図 4.10 の

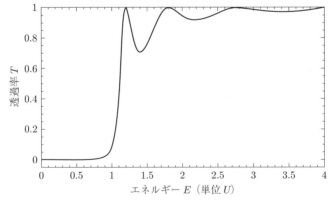

**図 4.10**　$L = 7\hbar/\sqrt{2mU}$ のときのポテンシャルバリアを通過する透過率の $E$ 依存性.

---

[5] 入射側と透過側の間の群速度比は式 (4.84) では $k/k = 1$，式 (4.68) では $\beta/k$ である．

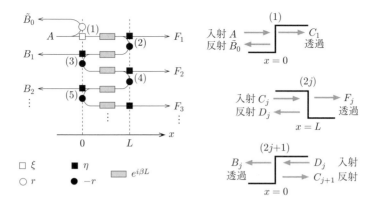

**図 4.11** ポテンシャルバリアで起こる多重散乱．（ ）内は散乱の次数．丸と正方形は各次数の散乱で，ポテンシャル段差 $U$ が起こす反射と透過をそれぞれ表す．このうち，白抜きの丸と正方形は入射方向がポテンシャルの増える向き（0 から $U$）の場合，黒塗りの丸と正方形は入射方向がポテンシャルの減る向き（$U$ から 0）の場合にそれぞれ対応するが，白抜きのものは 1 次の散乱のみに現れる．

$U < E$ の部分に示した．

　式 (4.84), (4.85) は「多重散乱波の重ね合わせ」という別の観点から求めることもできる．エネルギーバリアに領域 I から入射する場合，以下のような多重散乱が起こる（図 4.11 参照）．以下で $j$ を自然数とする．

第 1 次の散乱：
$x = 0$ でのポテンシャル段差 $U$ によって，入射波 $A$ から透過波 $C_1$ と反射波 $\tilde{B}_0$ が生じる．

第 $2j$ 次の散乱：
$x = L$ でのポテンシャル段差 $U$ によって，入射波 $C_j$ から透過波 $F_j$ と反射波 $D_j$ が生じる．

第 $2j+1$ 次の散乱：
$x = 0$ でのポテンシャル段差 $U$ によって，入射波 $D_j$ から透過波 $B_j$ と反射波 $C_{j+1}$ が生じる．

ここで，たとえば，「入射波 $A$」とは「振幅 $A$ の入射波」という意味である．各振幅の間の関係は，$\xi \equiv 2k/(k+\beta)$, $\eta \equiv 2\beta/(k+\beta)$, $r \equiv (k-\beta)/(k+\beta)$ を用いてこれまでと同様に「波動関数とその空間微分は連続」という条件から求められる．すなわち，式 (4.72), (4.73) で $B, C$ をそれぞれ $\tilde{B}_0, C_1$ に置き換え，

$$C_1 = \xi A \tag{4.87}$$

$$\tilde{B}_0 = rA \tag{4.88}$$

が求められ，式 (4.82), (4.83) で $C, D, F$ をそれぞれ $C_j, D_j, F_j$ に置き換え，$D_j, F_j$ について解くと，

$$F_j = \eta e^{i(\beta-k)L} C_j \tag{4.89}$$

$$D_j = -r e^{i2\beta L} C_j \tag{4.90}$$

が求められる．また，例題 4.5 の式 (4.93), (4.94) で $B, C, D$ をそれぞれ $B_j, C_{j+1}, D_j$ に置き換えれば，

$$B_j = \eta D_j \tag{4.91}$$

$$C_{j+1} = -r D_j \tag{4.92}$$

が求められる．

---

**例題 4.5** 節 4.5.3 の階段型ポテンシャルにおいて，節 4.5.3 とは逆方向の入射（II から I への入射）の場合の透過率を求めよ．

---

[解] 入射波は進行波でなければならないので，$E > U$ の場合だけ考えればよい．$k = \sqrt{2mE}/\hbar$, $\beta = \sqrt{2m(E-U)}/\hbar$ を用いて，波動関数 $u(x)$ は $x < 0$ では $Be^{-ikx}$，$x > 0$ では $Ce^{i\beta x} + De^{-i\beta x}$ と表される．ここで $B, C, D$ は複素定数で，それぞれ透過波，反射波，入射波の振幅を表す．$x = 0$ での $u(x)$ の連続性より $B = C + D$ が，$du(x)/dx$ の連続性より $-ikB = i\beta C - i\beta D$ が求められる．これを $C$ と $B$ について解くと，

$$C = \frac{\beta-k}{k+\beta}D \tag{4.93}$$

$$B = \frac{2\beta}{k+\beta}D \tag{4.94}$$

が求められる．入射波，反射波，透過波，それぞれの確率の流れの密度は $\hbar\beta|D|^2/m$, $\hbar\beta|C|^2/m$, $\hbar k|B|^2/m$ であり，これらの比から反射率は $|C|^2/|D|^2 = (k-\beta)^2/(k+\beta)^2$,

透過率は $k|B|^2/(\beta|D|^2) = 4k\beta/(k+\beta)^2$ と求められる. これは, 節 4.5.3 で求めた透過率, 反射率と一致する[6].

式 (4.90), (4.92), (4.87) から

$$C_{j+1} = r^2 e^{i2\beta L} C_j = r^4 e^{i4\beta L} C_{j-1} = \cdots = (re^{i\beta L})^{2j} C_1 = (re^{i\beta L})^{2j} \xi A \tag{4.95}$$

を示すことができる. 式 (4.95), (4.89), (4.91), (4.92) を用いて

$$F_j = \eta r^{2j-2} e^{i\beta(2j-1)L} e^{-ikL} \xi A \tag{4.96}$$

$$B_j = -\eta r^{2j-1} e^{i\beta 2jL} \xi A \tag{4.97}$$

が求められる. 図 4.11 からわかるように, 波 $A$ が透過 $\xi$ を 1 回, 反射 $-r$ を $2j-2$ 回, 透過 $\eta$ を 1 回, とこの順で起こしてから波 $F_j$ が発生し, また, 波 $A$ が透過 $\xi$ を 1 回, 反射 $-r$ を $2j-1$ 回, 透過 $\eta$ を 1 回, とこの順で起こしてから波 $B_j$ が発生する. これに対応して, 式 (4.96), (4.97) 中の因子, $\xi\eta r^{2j-2}$ と $-\xi\eta r^{2j-1}$ が現れる. また, 波 $A$ が $x=0$ に入射してから波 $F_j$ と波 $B_j$ が発生するまでの経路の長さはそれぞれ $(2j-1)L, 2jL$ であるが, 波が領域 II を単位長さ進むたびにその位相は $\beta$ 増加することから, 式 (4.96), (4.97) にそれぞれ位相因子 $e^{i\beta L(2j-1)}$, $e^{2i\beta Lj}$ が現れる.

ポテンシャルバリアによって入射波 $A$ から生じる透過波 $F$, 反射波 $B$ の振幅は, 上述の散乱波の重ね合わせにより, $F = \sum_j F_j$, $B = \tilde{B}_0 + \sum_j B_j$ と表される. これらの入射波 $A$ に対する比, $F/A$ と $B/A$ は等比級数の公式と式 (4.88), (4.96), (4.97) を用いて

$$\frac{F}{A} = \sum_{j=1}^{\infty} \frac{F_j}{A} = \frac{\eta\xi}{1 - r^2 e^{i2\beta L}} e^{i(\beta-k)L} \tag{4.98}$$

$$\frac{B}{A} = \frac{\tilde{B}_0}{A} + \sum_{j=1}^{\infty} \frac{B_j}{A} = r - \frac{\eta\xi r e^{i2\beta L}}{1 - r^2 e^{i2\beta L}} \tag{4.99}$$

---

[6] 1 次元空間の場合, 透過率はポテンシャルの形や入射粒子のエネルギーのみで決まり入射方向には依存しない. これは 1 次元定常状態の確率の流れの密度は定数であることを用いて証明できる.

と求められる．式 (4.98), (4.99) の絶対値の 2 乗が，式 (4.84), (4.85) に一致することは容易に確かめられる．また，$e^{i2\beta L} = 1$ のとき $|F/A| = 1$, $B = 0$（透過率が 1，反射率がゼロ）になることが式 (4.98), (4.99) と $1 - r^2 = \eta \xi$ よりわかる[7]．すなわち，透過率最大の条件は

$$L = \frac{n\pi}{\beta} \quad (n = 1, 2, 3, \cdots) \tag{4.100}$$

と表される．この条件が成り立つとき，波 $F_{j+1}$ と波 $F_j$ の間の経路差 $2L$ が波長 $(2\pi/\beta)$ の整数倍になり互いに強めあう干渉をするため透過率が増大する．ここで領域 II の波長を用いているのは経路差が領域 II で起きているためである[8]．

### (ii) $0 < E < U$ のとき

領域 II $(0 < x < L)$ の波動関数は複素定数 $C, D$ と $\alpha = \sqrt{2m(U-E)}/\hbar$ を用いて

$$u(x) = Ce^{-\alpha x} + De^{\alpha x} \tag{4.101}$$

と表される．これを用いた透過率 $T$ の計算は，(i)$E > U$ のときの計算で $\beta$ を $i\alpha$ に置き換えたものになり，その結果

$$T = \left(1 + \frac{U^2 \sinh^2 \alpha L}{4E(U-E)}\right)^{-1} \tag{4.102}$$

が求められる．ここで双曲線関数の一種 $\sinh q = (e^q - e^{-q})/2$ を用いた[9]．

　例として，$L = 7\hbar/\sqrt{2mU}$ のときの透過率 (4.102) を図 4.10 中の $0 < E < U$ の部分に示した．古典力学では $E < U$ のときは領域 II に粒子が存在できないため透過率はゼロとなるが，式 (4.102) は有限な透過率を示す（トンネル効果）．特に，バリアの厚さ $L$ が減衰長 $1/\alpha$ よりずっと大きいとき式 (4.102) は $T \simeq 16E(U-E)e^{-2\alpha L}/U^2$ と近似でき，これはバリアの厚さ $L$ に対して指数関数的に減衰する．このような指数関数的依存性は，非常に薄い絶縁膜を流れ

---

[7] $1 - r^2 = \eta\xi$ が成り立つことは，$r, \xi, \eta$ の定義式 $r = (k-\beta)/(k+\beta)$, $\eta = 2\beta/(k+\beta)$, $\xi = 2k/(k+\beta)$ を代入すれば確かめられる．

[8] 式 (4.100) は「バリア幅 $L$ が半波長 $\pi/\beta$ の整数倍に等しい」とも言い換えられ，節 4.1 の井戸型ポテンシャルで束縛状態の現れる条件「井戸幅 $L$ が半波長 $\pi/k$ の整数倍に等しい」に似ている．「共鳴トンネル」とよばれる現象は，この類似性と関連がある．

[9] オイラーの公式から求められる $\sin\theta = i(e^{-i\theta} - e^{i\theta})/2$ に $\theta = iq$ を代入すると $\sin(iq) = i(e^q - e^{-q})/2 = i\sinh q$ が求められる．

る電流や走査型トンネル電子顕微鏡のトンネル電流において観測されている．前者では膜厚が，後者では探針と表面間の距離がバリアの厚さ $L$ に対応する．

---

### 演習問題 4

**1**. 幅 $L$ の無限に深い井戸型ポテンシャルに束縛されている質量 $m$ の粒子が基底状態から第一励起状態に遷移するとき吸収する電磁波の振動数は式 (4.6) を用いると $(E_2 - E_1)/h = 3h/(8mL^2)$ となることがわかる．この式を用いて，以下の粒子がこのような遷移をするとき吸収する電磁波の振動数を有効数字 2 桁で求めよ．

(a) $L = 1.0$ Å のときの電子

(b) $L = 1.0 \times 10^{-4}$ Å のときの陽子

**2**. 節 4.1 で求めた波動関数 $u_n$ について，
運動量の期待値 $\langle p \rangle$，
運動量の不確定さ $\Delta p = \sqrt{\langle p^2 \rangle - \langle p \rangle^2}$
位置の期待値 $\langle x \rangle$，
位置の不確定さ $\Delta x = \sqrt{\langle x^2 \rangle - \langle x \rangle^2}$
をそれぞれ求めよ．また，不確定性関係 $\Delta x \Delta p \geq \hbar/2$ が満たされていることを確認せよ．

　　ここで「不確定さ」は標準偏差で定義される．演算子 $A$ で表される物理量の標準偏差 $\Delta A$ は，$\Delta A \equiv \sqrt{\langle (A - \langle A \rangle)^2 \rangle} = \sqrt{\langle A^2 \rangle - \langle A \rangle^2}$ と与えられる．

**3**. $U$ を正の定数として

$$V(x) = \begin{cases} \infty & \cdots & x < 0 \\ 0 & \cdots & 0 \leq x < a \\ U & \cdots & a \leq x \end{cases}$$

と表されるポテンシャルの束縛状態 $(0 < E < U)$ の解と図 4.2 の場合の解との関連を調べよ．

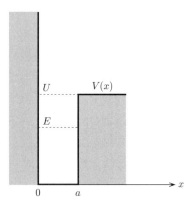

**4**. 式 (4.84), (4.85) で示したポテンシャルバリアの透過率 $T$ と反射率 $R$ が $T+R = 1$ を満たすことを示せ．$k, \beta, L$ は実数であることとオイラーの公式 $e^{i\theta} = \cos\theta + i\sin\theta$ を用いて示すこと（ここで，$k = \sqrt{2mE}/\hbar$ や $\beta = \sqrt{2m(E-U)}/\hbar$ を用いて $T, R$ を $E$ の関数で表す必要はない）．

# 第5章 水素原子と多電子原子

2章で見たように，水素原子から放出される光のスペクトルの研究は量子力学の確立への糸口となった．ボーアの前期量子論はこのスペクトルの問題に一応の解答を与えたが，ここでは3次元シュレーディンガー方程式を解くことで，この問題を正しく扱ってみよう．量子力学によって求められた水素原子のエネルギー準位は，ボーアによる結果と完全に一致する．

この3次元シュレーディンガー方程式を解くにあたっては，まず方程式を動径 $r$，極角 $\theta$，方位角 $\phi$ を用いる極座標表示で表す．次に変数分離により得られた動径部分，角度部分の固有値方程式を解くことで，エネルギー準位，波動関数を求める．

続いて，多電子原子の電子配置および元素の周期表について述べる．元素の化学的性質は外殻電子配置と密接に関係していることが示される．

この章の最後では，2原子分子である水素分子のエネルギー準位および波動関数について調べる．

## 5.1 固有値方程式

水素原子の電子に対する古典的エネルギーの式は

$$E = \frac{p^2}{2m_e} - \frac{e^2}{4\pi\varepsilon_0 r} \tag{5.1}$$

である．ここで $m_e$ は電子の質量，$\varepsilon_0$ は真空の誘電率である．時間を含まないシュレーディンガー方程式は，$u$ を固有関数，$E$ をエネルギー固有値として

$$\left[-\frac{\hbar^2}{2m_e}\left(\frac{\partial^2}{\partial x^2}+\frac{\partial^2}{\partial y^2}+\frac{\partial^2}{\partial z^2}\right)-\frac{e^2}{4\pi\varepsilon_0 r}\right]u = Eu \tag{5.2}$$

と書かれる．系の球対称性を利用するために式 (5.2) を極座標 $(r,\theta,\phi)$（図 5.1 参照）で書き直すと，

$$-\frac{\hbar^2}{2m_e}\left[\frac{1}{r^2}\frac{\partial}{\partial r}\left(r^2\frac{\partial}{\partial r}\right)+\frac{1}{r^2}\frac{1}{\sin^2\theta}\frac{\partial}{\partial\theta}\left(\sin\theta\frac{\partial}{\partial\theta}\right)+\frac{1}{r^2\sin^2\theta}\frac{\partial^2}{\partial\phi^2}\right]u$$

$$-\frac{e^2}{4\pi\varepsilon_0 r}u = Eu \tag{5.3}$$

となる（付録 B.2 参照）．ただし，

$$x = r\sin\theta\cos\phi,$$
$$y = r\sin\theta\sin\phi,$$
$$z = r\cos\theta$$

である．

　式 (5.3) において，$u$ を $r$ だけの関数 $R$ と $\theta$, $\phi$ だけの関数 $Y$ の積とおく（変数分離）．

$$u = R(r)\,Y(\theta,\phi) \tag{5.4}$$

これを式 (5.3) に代入して全体を $u = RY$ で割ると

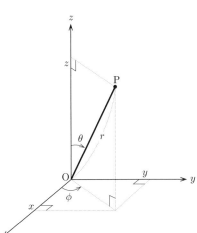

**図 5.1** 極座標. $x = r\sin\theta\cos\phi$, $y = r\sin\theta\sin\phi$, $z = r\cos\theta$.

$$\frac{1}{R}\frac{\partial}{\partial r}\left(r^2\frac{\partial R}{\partial r}\right)+\frac{2m_e r^2}{\hbar^2}\left(E+\frac{e^2}{4\pi\varepsilon_0 r}\right)$$

$$=-\frac{1}{Y}\left[\frac{1}{\sin\theta}\frac{\partial}{\partial\theta}\left(\sin\theta\frac{\partial Y}{\partial\theta}\right)+\frac{1}{\sin^2\theta}\frac{\partial^2 Y}{\partial\phi^2}\right] \tag{5.5}$$

を得る．上式の左辺は $r$ だけの関数，右辺は $\theta$, $\phi$ だけの関数であるから上式は定数でなければならない．これを $\lambda$ とおけば，式 (5.3) は 2 つの微分方程式

$$\left[\frac{\partial}{\partial r}\left(r^2\frac{\partial}{\partial r}\right)+\frac{2m_e r^2}{\hbar^2}\left(E+\frac{e^2}{4\pi\varepsilon_0 r}\right)\right]R = \lambda R \tag{5.6}$$

$$\left[-\frac{1}{\sin\theta}\frac{\partial}{\partial\theta}\left(\sin\theta\frac{\partial}{\partial\theta}\right)-\frac{1}{\sin^2\theta}\frac{\partial^2}{\partial\phi^2}\right]Y = \lambda Y \tag{5.7}$$

に分かれる．

### 5.1.1 角度部分

式 (5.7) を

$$\Lambda Y = \lambda Y \tag{5.8}$$

$$\Lambda = -\frac{1}{\sin\theta}\frac{\partial}{\partial\theta}\sin\theta\frac{\partial}{\partial\theta} - \frac{1}{\sin^2\theta}\frac{\partial^2}{\partial\phi^2} \tag{5.9}$$

と書くとき，$\Lambda$（ラムダと読む）は $\hbar^2$ を単位とした電子軌道の角運動量ベクトル $\boldsymbol{L}$ の2乗

$$\Lambda = \frac{\boldsymbol{L}^2}{\hbar^2} \tag{5.10}$$

であることがわかる（付録 B.4 参照）.

さらに式 (5.7) で $Y = \Theta(\theta)\,\Phi(\phi)$ とおき変数分離を行えば，$\nu$ を定数として，2つの固有値方程式

$$\left[-\frac{1}{\sin\theta}\frac{\partial}{\partial\theta}\left(\sin\theta\,\frac{\partial}{\partial\theta}\right) + \frac{\nu}{\sin^2\theta}\right]\Theta = \lambda\Theta \tag{5.11}$$

$$\frac{\partial^2}{\partial\phi^2}\Phi = -\nu\Phi \tag{5.12}$$

を得る．結局，式 (5.12) で固有値 $\nu$ と $\Phi$ を得て，その $\nu$ を式 (5.11) に代入することで $\lambda$ と $\Theta$ が得られ，その $\lambda$ を式 (5.6) に代入して固有値 $E$ と固有関数 $R$ を得る.

式 (5.12) は $\nu = m^2$ のとき

$$\Phi_m(\phi) = \frac{1}{\sqrt{2\pi}}\,e^{im\phi} \qquad (m：整数) \tag{5.13}$$

という解が得られる．そして $\nu = m^2$ を式 (5.11) に代入した固有値方程式

$$\left[-\frac{1}{\sin\theta}\frac{\partial}{\partial\theta}\left(\sin\theta\,\frac{\partial}{\partial\theta}\right) + \frac{m^2}{\sin^2\theta}\right]\Theta = \lambda\Theta \tag{5.14}$$

は

$$\lambda = l\,(l+1) \qquad (l = 0,\ 1,\ 2,\ \cdots) \tag{5.15}$$

$$m = -l,\ -l+1,\ \cdots,\ 0,\ \cdots,\ l-1,\ l \tag{5.16}$$

であるとき，ルジャンドル陪関数 $P_l^m(\cos\theta)$ という特殊関数を固有関数としてもつことが知られている．ここで $l$ は方位量子数，$m$ は磁気量子数とよばれる.

磁気量子数の呼び名は磁場の下で準位の分離が起こることによる．式 (5.7) の $Y$ は $a_{l,m}$ を規格化係数として

$$Y_{l,m}(\theta,\phi) = a_{l,m} P_l^m(\cos\theta) e^{im\phi} \tag{5.17}$$

で表される球面調和関数とよばれるものである．

結局，式 (5.7) は

$$\boldsymbol{L}^2 Y_{l,m}(\theta,\phi) = \hbar^2 l\,(l+1)\, Y_{l,m}(\theta,\phi) \tag{5.18}$$

となる．また，角運動量ベクトルの $z$ 成分 $L_z$ は

$$L_z = -i\hbar \frac{\partial}{\partial\phi} \tag{5.19}$$

と表されるから（付録 B.3 参照），これを式 (5.17) の $Y_{l,m}(\theta,\phi)$ に作用させれば

$$L_z Y_{l,m}(\theta,\phi) = \hbar m Y_{l,m}(\theta,\phi) \tag{5.20}$$

となる．もう一度式 (5.20) に $L_z$ を作用させれば

$$L_z{}^2\, Y_{l,m}(\theta,\phi) = (\hbar m)^2\, Y_{l,m}(\theta,\phi) \tag{5.21}$$

を得る．式 (5.18), (5.20), (5.21) を合わせて $Y_{l,m}(\theta,\phi)$ は $\boldsymbol{L}^2$ の固有状態であると同時に $L_z$, $L_z{}^2$ の固有状態でもあることがわかる．

なお，いくつかの $l, m$ に対する $Y_{l,m}(\theta,\phi)$ の表式は次のとおりである．

$$Y_{0,0}(\theta,\phi) = \frac{1}{\sqrt{4\pi}} \tag{5.22}$$

$$Y_{1,0}(\theta,\phi) = \sqrt{\frac{3}{4\pi}}\,\cos\theta \tag{5.23}$$

$$Y_{1,\pm 1}(\theta,\phi) = \mp\sqrt{\frac{3}{8\pi}}\,\sin\theta\,e^{\pm i\phi} \tag{5.24}$$

$$Y_{2,0}(\theta,\phi) = \sqrt{\frac{5}{16\pi}}\,\left(2\cos^2\theta - \sin^2\theta\right) \tag{5.25}$$

$$Y_{2,\pm 1}(\theta,\phi) = \mp\sqrt{\frac{15}{8\pi}}\,\cos\theta\sin\theta\,e^{\pm i\phi} \tag{5.26}$$

$$Y_{2,\pm 2}(\theta,\phi) = \sqrt{\frac{15}{32\pi}}\,\sin^2\theta\,e^{\pm i2\phi} \tag{5.27}$$

### 5.1.2 角運動量ベクトルの方向

式 (5.18), (5.20) より $Y_{l,m}$ は角運動量の大きさが $\hbar\sqrt{l(l+1)}$ で，その $z$ 成分が $\hbar m$ の状態である．このように角運動量の $z$ 成分がとびとびの値しか許されないことを方向量子化という（図 5.2 の左図参照）．また，式 (5.18) から式 (5.21) を引くと，

$$(L_x{}^2 + L_y{}^2)Y_{l,m} = (\boldsymbol{L}^2 - L_z{}^2)Y_{l,m}$$
$$= \hbar^2\left[l(l+1) - m^2\right]Y_{l,m} \tag{5.28}$$

となることから，状態が $Y_{l,m}$ のとき $L_x{}^2 + L_y{}^2$ の先端は確定した半径 $\hbar\sqrt{l(l+1) - m^2}$ の円周上にある．すなわち，$\boldsymbol{L}$ の先端は図 5.2 の右図の円周 $c$ 上にあって完全に不確定である．

$m = l$，すなわち，古典的には角運動量ベクトルが $z$ 軸方向を向いた状態でも $L_x{}^2 + L_y{}^2$ は固有値 $\hbar^2 l$ をもつ．このように量子力学での角運動量ベクトルの方向は不確定である．このことは不確定性原理の要請による（例題 5.1 参照）．

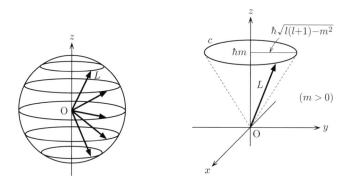

**図 5.2**　左図：$\boldsymbol{L}$ の方向量子化．矢印の先端は均等の確率で円周上にある．右図：状態 $Y_{l,m}$ における $\boldsymbol{L}$.

---

**例題 5.1 (不確定性原理)**　角運動量ベクトルの方向が確定した場合，不確定性原理に反することを示せ．

---

**[解]** 角運動量 $\boldsymbol{L} = \boldsymbol{r} \times \boldsymbol{p}$ の方向が $z$ 方向に確定しているとすれば，運動は $xy$ 面内に限られる．$z = 0$, $p_z = 0$ であるから $\Delta z = 0$, $\Delta p_z = 0$ である．すなわち，$\Delta z\,\Delta p_z = 0$ になり，不確定性原理（$\Delta z\,\Delta p_z \geq \hbar/2$）に反する．

### 5.1.3 動径部分

式 (5.6) に $\lambda = \hbar^2 l(l+1)$ を代入し，少し書き換えると

$$-\frac{\hbar^2}{2m_e}\frac{\mathrm{d}^2}{\mathrm{d}r^2}rR(r) + \left[-\frac{e^2}{4\pi\varepsilon_0 r} + \frac{l(l+1)\hbar^2}{2m_e r^2}\right]rR(r) = ErR(r) \qquad (5.29)$$

となる．この方程式は

$$V(r) = -\frac{e^2}{4\pi\varepsilon_0 r} + \frac{l(l+1)\hbar^2}{2m_e r^2} \qquad (5.30)$$

で表される有効ポテンシャル中の電子の動径方向の 1 次元運動の方程式とみなすことができる．第 1 項は陽子によるクーロンポテンシャル，第 2 項は電子の公転運動による遠心力ポテンシャルを表す．この方程式から解析的に得られた $R$ は，主量子数 $n$ $(= 1, 2, 3, \cdots)$，方位量子数 $l$ $(l = 0, 1, \cdots, n-1)$ に依存し，$R_{n,l}$ と表される．以下に $R_{n,l}$ のいくつかを記す．

$$R_{1,0}(r) = \left(\frac{1}{a}\right)^{3/2} 2e^{-r/a} \qquad (5.31)$$

$$R_{2,0}(r) = \left(\frac{1}{a}\right)^{3/2} \frac{1}{\sqrt{2}}\left(1 - \frac{r}{2a}\right)e^{-r/(2a)} \qquad (5.32)$$

$$R_{2,1}(r) = \left(\frac{1}{a}\right)^{3/2} \frac{r}{2\sqrt{6}a}e^{-r/(2a)} \qquad (5.33)$$

$$R_{3,0}(r) = \left(\frac{1}{a}\right)^{3/2} \frac{2}{3\sqrt{3}}\left[1 - \frac{2r}{3a} + \frac{2}{27}\left(\frac{r}{a}\right)^2\right]e^{-r/(3a)} \qquad (5.34)$$

$$R_{3,1}(r) = \left(\frac{1}{a}\right)^{3/2} \frac{8r}{27\sqrt{6}a}\left(1 - \frac{r}{6a}\right)e^{-r/(3a)} \qquad (5.35)$$

$$R_{3,2}(r) = \left(\frac{1}{a}\right)^{3/2} \frac{4}{81\sqrt{30}}\left(\frac{r}{a}\right)^2 e^{-r/(3a)} \qquad (5.36)$$

ただし，$a = 4\pi\varepsilon_0\hbar^2/m_e e^2$（ボーア半径）である．

電子を半径 $r$ と $r + \mathrm{d}r$ の 2 つの球面の間に発見する確率は $r^2|R_{n,l}(r)|^2\,\mathrm{d}r$ となり（例題 5.2 参照），$r^2|R_{n,l}(r)|^2$ は軌道確率密度とよぶ．図 5.3 に $n=1, 2, 3$ に対する軌道確率密度を示す．

図 5.3 で注目すべきことは次のとおりである．

1. 同じ $n$ の中で $l$ が大きくなると，$r$ が 0 近傍で動径分布は小さくなる．
   この振る舞いは遠心力ポテンシャルによって振り出される効果により説

明される（図 5.4 参照）.

2. ノード（節）の数は $n-l-1$ である.

3. ある $n$ での最大の $l$ の状態の軌道確率密度は $r=n^2 a$（$a$ はボーア半径）にピークをもつ. このピーク位置はボーアの原子模型の円軌道の半径 $r_n$（式 (2.39)）と一致する.

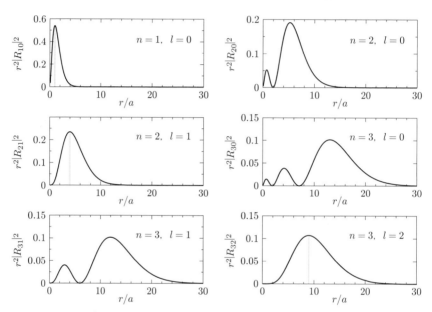

**図 5.3**　動径分布 $r^2|R_{n,l}(r)|^2$ の $r$ 依存性. $n=1$, $l=0$ の場合のピークは $a$, $n=2$, $l=1$ の場合のピークは $4a$, $n=3$, $l=2$ の場合のピークは $9a$ である. ただし, $a=4\pi\varepsilon_0\hbar^2/m_e e^2$（ボーア半径）である. $a$, $4a$, $9a$ はそれぞれボーアの円軌道の半径に等しい.

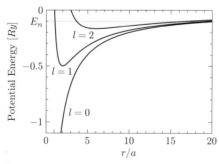

**図 5.4**　有効ポテンシャル. $l$ の増大とともに, ポテンシャルは浅くなる.

例題 **5.2** ( $r^2|R_{n,l}(r)|^2\,\mathrm{d}r$, $|Y_{l,m}(\theta,\phi)|^2\sin\theta\,\mathrm{d}\theta\,\mathrm{d}\phi$ について )

$u_{n,l,m}=R_{n,l}(r)\,Y_{l,m}(\theta,\phi)$ の動径部分 $R_{n,l}(r)$, 角度部分 $Y_{l,m}(\theta,\phi)$ が別々に1に規格化されているとき次の問いに答えよ.

(i)  $r\sim r+\mathrm{d}r$ の球殻に含まれる存在確率の和は $r^2|R_{n,l}(r)|^2\mathrm{d}r$ で表されることを示せ.

(ii)  $\theta\sim\theta+\mathrm{d}\theta$ と $\phi\sim\phi+\mathrm{d}\phi$ で指定される方向の錐状の全領域 $(0\leq r<\infty)$ に含まれる存在確率の和は $|Y_{l,m}(\theta,\phi)|^2\sin\theta\,\mathrm{d}\theta\,\mathrm{d}\phi$ で表されることを示せ.

[解] (i) 微小体積は

$$\mathrm{d}\boldsymbol{r}=\mathrm{d}r\cdot r\,\mathrm{d}\theta\cdot r\sin\theta\,\mathrm{d}\phi=r^2\sin\theta\,\mathrm{d}r\,\mathrm{d}\theta\,\mathrm{d}\phi \tag{5.37}$$

である. よってこの微小体積中の存在確率は

$$|u_{n,l,m}(r,\theta,\phi)|^2\,\mathrm{d}\boldsymbol{r}=|R_{n,l}(r)|^2r^2\,\mathrm{d}r|Y_{l,m}(\theta,\phi)|^2\sin\theta\,\mathrm{d}\theta\,\mathrm{d}\phi \tag{5.38}$$

である. $\theta,\phi$ で積分すれば, $Y_{l,m}(\theta,\phi)$ はすでに規格化されていることから,

$$\int_0^{2\pi}\int_0^{\pi}|Y_{l,m}(\theta,\phi)|^2\sin\theta\,\mathrm{d}\theta\,\mathrm{d}\phi=1 \tag{5.39}$$

である. よって, $r\sim r+\mathrm{d}r$ の間の存在確率は

$$r^2|R_{n,l}(r)|^2\,\mathrm{d}r \tag{5.40}$$

と表される.

(ii) 動径部分を積分したものは角度部分を与える. すなわち,

$$\int_0^{\infty}|u_{n,l,m}|^2r^2\sin\theta\,\mathrm{d}r\,\mathrm{d}\theta\,\mathrm{d}\phi=|Y_{l,m}(\theta,\phi)|^2\sin\theta\,\mathrm{d}\theta\,\mathrm{d}\phi\int_0^{\infty}|R_{n,l}|^2r^2\,\mathrm{d}r$$

$$=|Y_{l,m}(\theta,\phi)|^2\sin\theta\,\mathrm{d}\theta\,\mathrm{d}\phi \tag{5.41}$$

である.

### 5.1.4  エネルギー準位, 波動関数

最終的にエネルギー準位, 波動関数は

$$E_n=-\frac{m_e e^4}{(4\pi\varepsilon_0)^2 2\hbar^2}\frac{1}{n^2} \tag{5.42}$$

$$u_{n,l,m}=R_{n,l}(r)\,Y_{l,m}(\theta,\phi) \tag{5.43}$$

と表される. 式 (5.42) は2章で記されたボーアによる結果（式 (2.40)）と一致していることがわかる. 1つの状態 $u_{n,l,m}$ は次の量子数で表される.

- 主量子数（エネルギーを指定）: $n$　$(n = 1, 2, \cdots, \infty)$
- 方位量子数（角運動量を指定）: $l$　$(l = 0, 1, \cdots, n-1)$
- 磁気量子数（角運動量の $z$ 成分を指定）: $m$　$(m = -l, -l+1, \cdots, l)$

エネルギー $E_n$ は $n^2$ 重に縮退している．$u_{n,l,m}$ には $l$ の値によって特別な名前が付いており，$l = 0$ を s 状態，$l = 1$ を p 状態，$l = 2$ を d 状態，$l = 3$ を f 状態とよぶ．

ここで 1s 軌道 $u_s$ は $u_s = e^{-r/a}/(\sqrt{\pi} a^{3/2})$ である．

$u_{n,l,m}$ のうち同じ $n$, $l$ でかつ異なる $m$ をもつ $u_{n,l,m}$ から実数の状態を作ることができる．その実数の状態も $u_{n,l,m}$ と同じエネルギー準位の固有状態である．3 つの 2p 軌道関数からはそれぞれ $x$, $y$, $z$ の方向を向いた 3 つの軌道 $u_x$, $u_y$, $u_z$ を作ることができる．

$$u_x = -\frac{1}{\sqrt{2}}(u_{2,1,1} - u_{2,1,-1}) = x f_{21}(r) \tag{5.44}$$

$$u_y = -\frac{1}{\sqrt{2}i}(u_{2,1,1} + u_{2,1,-1}) = y f_{21}(r) \tag{5.45}$$

$$u_z = u_{2,1,0} = z f_{21}(r) \tag{5.46}$$

ただし，$f_{21}(r) = \frac{1}{4\sqrt{2\pi} a^{5/2}} e^{-r/(2a)}, a = 4\pi\varepsilon_0 \hbar^2/m_e e^2$ である．

また，5 つの d 軌道関数からは $xy$, $yz$, $xz$, $x^2 - y^2$, $3z^2 - r^2$ の対称性をもった 5 つの互いに直交した実数型固有関数を作ることができる．

$$u_{xy} = \frac{1}{\sqrt{2}i}(u_{3,2,2} - u_{3,2,-2}) = xy f_{32}(r) \tag{5.47}$$

$$u_{yz} = -\frac{1}{\sqrt{2}i}(u_{3,2,1} + u_{3,2,-1}) = yz f_{32}(r) \tag{5.48}$$

$$u_{xz} = -\frac{1}{\sqrt{2}}(u_{3,2,1} - u_{3,2,-1}) = xz f_{32}(r) \tag{5.49}$$

$$u_{x^2-y^2} = \frac{1}{\sqrt{2}}(u_{3,2,2} + u_{3,2,-2}) = \frac{1}{2}(x^2 - y^2) f_{32}(r) \tag{5.50}$$

$$u_{3z^2-r^2} = u_{3,2,0} = \frac{1}{2\sqrt{3}}(3z^2 - r^2) f_{32}(r) \tag{5.51}$$

ただし，$x = r\sin\theta\cos\phi$, $y = r\sin\theta\sin\phi$, $z = r\cos\theta$,
$f_{32}(r) = \frac{2}{81\sqrt{2\pi} a^{7/2}} e^{-r/(3a)}$ である．

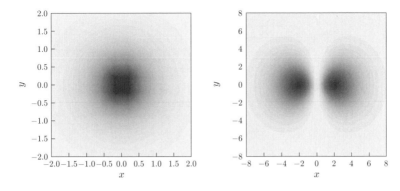

**図 5.5** 1s 軌道, $2\mathrm{p}_x$ 軌道の絶対値の 2 乗. 左図：$|u_s|^2$, 右図：$|u_x|^2$. ここでは $a=1$ とした.

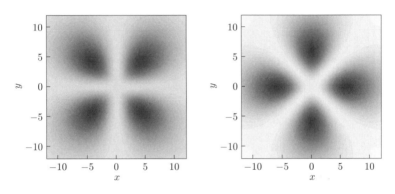

**図 5.6** $3\mathrm{d}_{xy}$ 軌道, $3\mathrm{d}_{x^2-y^2}$ 軌道の絶対値の 2 乗. 左図：$|u_{xy}|^2$, 右図：$|u_{x^2-y^2}|^2$. ここでは $a=1$ とした.

図 5.5, 5.6, 5.7 に，代表的な軌道 (1s, $2\mathrm{p}_x$, $3\mathrm{d}_{xy}$, $3\mathrm{d}_{x^2-y^2}$, $3\mathrm{d}_{3z^2-r^2}$) の波動関数の絶対値の 2 乗を示す．ここで，$2\mathrm{p}_y$, $2\mathrm{p}_z$ 軌道は $2\mathrm{p}_x$ 軌道から，$3\mathrm{d}_{yz}$, $3\mathrm{d}_{xz}$ 軌道は $3\mathrm{d}_{xy}$ 軌道から容易に想像されうる．

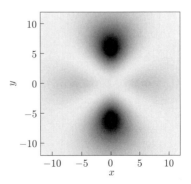

**図 5.7** $3\mathrm{d}_{3z^2-r^2}$ 軌道の絶対値の 2 乗. $|u_{3z^2-r^2}|^2$. ここでは $a=1$ とした.

## 5.2 スピン角運動量

節 2.4 で水素原子のスペクトルはエネルギー準位

$$E_n = -\frac{m_e e^4}{(4\pi\varepsilon_0)^2 2\hbar^2}\frac{1}{n^2} \tag{5.52}$$

によって再現されることをみた．しかし，より詳しいスペクトル分析の結果によれば，それまで1つにみえていた準位の多くに小さいながら分離がみられ，電子が軌道運動以外の運動の自由度をもっていることは疑えないこととなった．さらに，シュテルンとゲルラッハはこの新しい自由度は軌道運動によらない角運動量をもち，上向き，下向きの2成分をもつことを実験的に示した（1921年）．

このような状況において，ウーレンベックとハウシュミットは，「電子は自転に相当する角運動量をもつ」という仮説を提唱した（1925年）．

この新しい角運動量は，スピン角運動量とよばれ，この角運動量の導入によってスペクトルの解釈の問題は解決された．

いまではスピンは以下のように理解されている．

- スピン量子数：1/2
- $\boldsymbol{S}^2$ の固有値：$\hbar^2 S(S+1) = \dfrac{3}{4}\hbar^2$
- スピン磁気量子数：$m_s = -1/2, +1/2$
- $S_z$ の固有状態：上（下）向きスピン状態
- 磁気モーメント：$\boldsymbol{\mu}_s = -2\mu_\mathrm{B}\dfrac{\boldsymbol{S}}{\hbar}$ 　$\left(\mu_\mathrm{B} = \dfrac{e\hbar}{2m_e}:\text{ボーア磁子}\right)$

なお，$S = 1/2, 3/2, \cdots$ の半奇数のスピン量子数をもつ粒子はフェルミオンとよばれ，電子の他に陽子，中性子などがある．

## 5.3 多電子原子

これまで扱ってきた系は1つの電子だけがポテンシャルの中を運動する1電子問題であり，いずれも解きうる問題であった．しかし，多電子系では電子間のクーロン斥力のため電子同士がお互い避けあいながら運動している．この問題を何の近似もなしに真正面から扱うことは（たとえ高速コンピュータを用いた数値解法によるにしても）不可能である．問題に応じた近似を用いて実験結果と対比できる解に到達しようとするのが普通行われているやり方である．

多電子原子でよく用いられる近似は，1体近似または1電子近似といわれる

もので，他の電子の影響を平均場ポテンシャルとして取り込む方法である．この近似では，それぞれの電子はその平均場ポテンシャルの下で分かれた1電子軌道をそれぞれ独立に運動する．

### 5.3.1　パウリの原理と電子配置

次の小節で述べるように，多電子原子における1電子軌道も水素原子と同様に量子数 $n, l, m, m_s$ によって指定される．ただし，水素原子ではエネルギー準位は $n$ にのみ依存したが，多電子原子では $l$ にも依存する．

ところで，原子の基底状態で $Z$ 個の電子はどのような規則で量子状態に割り当てられるのであろうか？

仮におのおのの電子が自由に量子状態を割り当てられると考えると，すべての電子が基底状態を占めれば，もっとも原子のエネルギーを低くできる．しかしこの占め方では，元素の周期表 に見られる化学的性質の周期性（節 5.3.4）はまったく説明できない．

パウリは元素の周期表が説明されるためにはパウリの排他原理とよばれる規則が成立している必要があることを発見した（1924 年）．

パウリの排他原理は，

> 「$n, l, m, m_s$ で指定される1つの量子状態
> を2個以上の電子が占めることはできない」

とする．よって，パウリの原理によれば，基底状態では，エネルギーの低い方から1つずつ，電子の数だけの量子状態が占められることになる．

### 5.3.2　多電子原子の計算方法：ハートレー近似

1電子近似のうちで，これまで多電子原子（原子番号 $Z$）に適用されて成功してきたハートレー近似について述べる．この近似では，注目する1つの電子（$i$ 番目とする）に対する他の電子の効果を他の電子の（静的な）電荷分布がもたらす静電ポテンシャルとして取り込む．

特にここでは他の電子の電荷分布を球対称分布（密度：$\rho_i(r)$）で近似する（図 5.8 参照）．

**図 5.8**　注目している電子以外の電子の電荷は球対称分布とする．

$\rho_i(r)$ は次式で与えられる.

$$\rho_i(r) = \sum_{j(\neq i)} |R_j(r)|^2 \tag{5.53}$$

ただし, $R_j(r)$ は波動関数 $u_j(\boldsymbol{r})$ の動径部分を示し, $\displaystyle\sum_{j(\neq i)}$ はパウリ原理を満た

しつつ最小エネルギーになるように電子を軌道に詰めたときのそれらの軌道に

ついての和を表す. このようにすれば, 原子核から $r$ の距離にある $i$ 番目の電

子の感じるポテンシャルエネルギー $V_i(r)$ は

$$V_i(r) = -\frac{e^2}{4\pi\varepsilon r}\left(Z - \int_0^r \rho_i(r')r'^2\,\mathrm{d}r'\right) \tag{5.54}$$

と表され, 中心力ポテンシャルとなる. 式 (5.54) は原子核の正電荷 $Ze$ が,

$e\displaystyle\int_0^r \rho_i(r')r'^2\,\mathrm{d}r'$ の分だけ遮蔽されることを示す. ここで $Z - \displaystyle\int_0^r \rho_i(r')r'^2\,\mathrm{d}r'$

は有効核電荷とよばれる. 積分範囲は $0$ から $r$ であり, 半径 $r$ の球内の他電子

の電荷のみを考えればよい形になっている. これは他の電子の効果を球対称分

布にしたことによる (例題 5.3 参照).

式 (5.54) を用いて, $i$ 番目の電子のシュレーディンガー方程式は

$$\left(-\frac{\hbar^2}{2m_e}\nabla_i^2 + V_i(r)\right)u_i(\boldsymbol{r}) = Eu_i(\boldsymbol{r}) \tag{5.55}$$

と書かれる. 固有状態は量子数 $n, l, m, m_s$ で指定される.

式 (5.53), (5.54) でみたように, $V_i(r)$ を得るには $i$ 以外の電子の波動関数

をすべて知っておかなければならない. さらに式 (5.55) で得る $u_i(r)$ は $i$ 以

外の電子のポテンシャル $V_j(r)$ $(j \neq i)$ を得るために用いられる. シュレー

ディンガー方程式 (5.55) の入力となった $V_i^{\mathrm{in}}(r)$ と式 (5.53), (5.54) で得られ

た $V_i^{\mathrm{out}}(r)$ の差が許容範囲に入るまで計算は繰り返される. $V_i^{\mathrm{out}}(r) \sim V_i^{\mathrm{in}}(r)$

となったポテンシャルはつじつまのあったポテンシャルとよばれる. すなわ

ち, ハートレーの方法はつじつまのあった静電的な球ポテンシャルを用いる方

法である.

---

**例題 5.3 (一様球対称分布した電荷による電場)**　図 5.9 のように半径 $a$
の球に $-Z'e$ の電荷が一様に分布している. この球の中心に $Ze$ の電荷が
あるとき, $0 < r \leq a$ および $r > a$ での電場と電位を求めよ.

[解] ガウスの法則を用いる．いま，任意の閉曲面 $S$ を考える．その面上のある点の面積素片を $\mathrm{d}S$，その点における電場 $\boldsymbol{E}$ の面に垂直な成分を $E_n$ とする．閉曲面 $S$ の内部にある電荷を $Q_1$，$Q_2$, $Q_3$, $\cdots$ とすれば，ガウスの法則は

$$\varepsilon_0 \int_S E_n \, \mathrm{d}S = \sum_i Q_i \tag{5.56}$$

と書かれる．ただし，$\varepsilon_0$ は真空の誘電率である．左辺は閉曲面 $S$ の全域にわたる面積分で，$S$ を貫く電束の総数を表す．

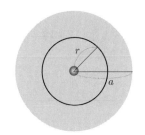

図 5.9  半径 $a$ の球に $-Z'e$ の電荷が一様に分布し，球の中心には $Ze$ の電荷がある．

まず $0 < r \leq a$ の場合について考える．球と同じ中心をもつ半径 $r$ の球面 $S$ に対して，ガウスの法則を適用する．対称性より電場は動径方向を向く．その大きさを $E_i(r)$ とすると，

$$4\pi r^2 \varepsilon_0 E_i(r) = \left[ Ze - Z'e \frac{r^3}{a^3} \right] \tag{5.57}$$

となり，

$$E_i(r) = \frac{Ze}{4\pi\varepsilon_0 r^2} - \frac{Z'er}{4\pi\varepsilon_0 a^3} \tag{5.58}$$

が得られる．

一方，$r > a$ の場合，式 (5.56) の右辺は $Ze - Z'e$ である．電場を $E_e(r)$ とすると，$4\pi r^2 \varepsilon_0 E_e(r) = (Z - Z')e$ となり，$E_e(r) = \dfrac{(Z - Z')e}{4\pi\varepsilon_0 r^2}$ が得られる．

続いて，電位は電場 $E(r)$ に対して

$$V(r) = -\int_\infty^r E(r') \, \mathrm{d}r' \tag{5.59}$$

と表される．したがって，$r > a$ に対しては

$$V(r) = -\int_\infty^r E_e(r') \, \mathrm{d}r' = \frac{(Z - Z')e}{4\pi\varepsilon_0 r} \tag{5.60}$$

となる．$0 < r \leq a$ に対しては，

$$V(r) = -\int_\infty^a E_e(r') \, \mathrm{d}r' - \int_a^r E_i(r') \, \mathrm{d}r' \tag{5.61}$$

$$= \frac{(Z - Z')e}{4\pi\varepsilon_0 a} + \frac{Ze}{4\pi\varepsilon_0} \left( \frac{1}{r} - \frac{1}{a} \right) + \frac{Z'e}{8\pi\varepsilon_0 a^3} \left( r^2 - a^2 \right) \tag{5.62}$$

となる．

### 5.3.3 多電子原子のエネルギー準位

得られた結果の 1 例として，ルビジウム (Rb) に対するエネルギー準位の計算値と実験値を表 5.1 に示す．この表で注目されるのはエネルギー準位が $n$ の

みでなく $l$ にもよっていることである．これは多電子原子に共通にみられる傾向である．また計算値と実験値との一致はだいたいよいことがわかる．

図 5.10 はこのようなエネルギー準位 $E_{n,l}$ の概略図である．各準位を表す棒線の近くには，準位を指定する $n$ と $l$ の記号とともに，その準位が収容できる電子数をカッコ内に示した．$E_{n,l}$ を低い順から並べると，だいたい

$$\text{1s} — \text{2s, 2p} — \text{3s, 3p} — \text{(4s, 3d), 4p} — \text{(5s, 4d),}$$

$$\text{5p} — \text{(6s, 4f, 5d), 6p} — \text{(7s, 5f, 6d)}$$

のようになる．ここで，s, p, d, f, $\cdots$ は，それぞれ $l = 0, 1, 2, 3, \cdots$ の状

**表 5.1** ルビジウム (Rb) の各軌道のエネルギー準位の絶対値 $|E_{n,l}|$．ハートレー近似による計算値と X 線スペクトル実験による測定値．エネルギーの単位は eV．カッコ内の数字は直接の測定値ではなく，他の元素の測定値をもとにして内挿法で求めた推定値（出典：小出昭一郎，量子力学 (II)，改訂版，裳華房，p.43）．

| 軌道 | ハートレー近似による計算値 | X 線スペクトル実験による測定値 |
|---|---|---|
| 1s | 14997 | 15229 |
| 2s | 1962 | 2068 |
| 2p | 1799 | 1864 |
| 3s | 289.5 | (322) |
| 3p | 226.4 | 237 |
| 3d | 114.3 | (113) |
| 4s | 36.8 | (31) |
| 4p | 21.6 | 19.9 |

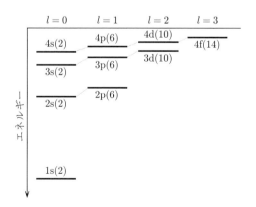

**図 5.10** 多電子原子におけるエネルギー準位のだいたいの傾向．( ) 内の数字はエネルギー準位の最大占有電子数．

態を表す（節 5.1 参照）．—は前後の軌道のエネルギー差がかなりあることを示す．（ ）内の軌道はほぼ等しいエネルギーをもち，その高低は原子によって異なる．

エネルギー準位は同じ $n$ であれば $l$ の小さい方が低くなっている．これは波動関数が核の近傍では $r^l$ で変化し（たとえば，式 (5.34), (5.35), (5.36) および式 (5.43) を参照），$l$ が小さい方が核の近くに存在する確率が高いことによる．たとえば，2s と 2p を比較すると 1s 電子による核電荷の遮蔽効果は 2s より 2p の方が大きく，これにより 2p の方が 2s よりエネルギーが高くなる．

それぞれの原子の最小エネルギーを与える電子配置が表 5.2, 5.3 にまとめられている．

$n = 1, 2, 3, 4, \cdots$ をそれぞれ K 殻，L 殻，M 殻，N 殻，$\cdots$ とよぶ．1 つの殻に属する軌道すべてに電子が詰まった状態を閉殻，また空席のある状態を開殻とよぶ．なお，ある $n$ の殻に属する軌道の総数は $2n^2$ となる（演習問題 5.4 参照）．

---

**例題 5.4（電子配置）**　原子番号 1 の H から原子番号 18 の Ar までの基底状態の電子配置を示せ．

---

[解] 4 つの量子数 $n, l, m, m_s$ で指定される 1 つの電子状態には 1 個の電子しか入れない（パウリの原理）ことから，電子配置は表 5.2, 5.3 のようになる．なお，電子配置は次のように表記してもよい．H: $(1s)^1$, He: $(1s)^2$, Li: $(1s)^2(2s)^1$, $\cdots$, Si: $(1s)^2\,(2s)^2\,(2p)^6\,(3s)^2\,(3p)^2$, $\cdots$, Ar: $(1s)^2\,(2s)^2\,(2p)^6\,(3s)^2\,(3p)^6$

### 5.3.4　元素の周期表

次に，電子配置（表 5.2, 5.3 参照）と周期表（表 A.2 参照）の関係をみてみよう．メンデレーエフによって発表された元素の周期表は，原子番号 $Z$（$Z$：陽子数）順に元素を並べたものである．同じ列の元素がみな似た化学的性質をもつようにするために，1 行目から 3 行目までには途中に空白がある．また，6, 7 行目の 3 列目には，ランタノイド，アクチノイドとして，多くの元素がひとまとめに格納されている．

H が属する 1 族元素は，1 個の電子を放出して 1 価の陽イオンになる傾向が強く，アルカリ金属ともよばれ金属性が強い．2 族の Be（$Z = 4$），13 族の B

**表 5.2** 基底状態の中性原子の電子配置.

| | 1s | 2s | 2p | 3s | 3p | 3d | 4s | 4p | 4d | 4f | 5s | 5p | 5d | 5f | 6s | 6p | 6d | 7s |
|---|---|---|---|---|---|---|---|---|---|---|---|---|---|---|---|---|---|---|
| H$^1$ | 1 | | | | | | | | | | | | | | | | | |
| He$^2$ | 2 | | | | | | | | | | | | | | | | | |
| Li$^3$ | 2 | 1 | | | | | | | | | | | | | | | | |
| Be$^4$ | 2 | 2 | | | | | | | | | | | | | | | | |
| B$^5$ | 2 | 2 | 1 | | | | | | | | | | | | | | | |
| C$^6$ | 2 | 2 | 2 | | | | | | | | | | | | | | | |
| N$^7$ | 2 | 2 | 3 | | | | | | | | | | | | | | | |
| O$^8$ | 2 | 2 | 4 | | | | | | | | | | | | | | | |
| F$^9$ | 2 | 2 | 5 | | | | | | | | | | | | | | | |
| Ne$^{10}$ | 2 | 2 | 6 | | | | | | | | | | | | | | | |
| Na$^{11}$ | 2 | 2 | 6 | 1 | | | | | | | | | | | | | | |
| Mg$^{12}$ | 2 | 2 | 6 | 2 | | | | | | | | | | | | | | |
| Al$^{13}$ | 2 | 2 | 6 | 2 | 1 | | | | | | | | | | | | | |
| Si$^{14}$ | 2 | 2 | 6 | 2 | 2 | | | | | | | | | | | | | |
| P$^{15}$ | 2 | 2 | 6 | 2 | 3 | | | | | | | | | | | | | |
| S$^{16}$ | 2 | 2 | 6 | 2 | 4 | | | | | | | | | | | | | |
| Cl$^{17}$ | 2 | 2 | 6 | 2 | 5 | | | | | | | | | | | | | |
| Ar$^{18}$ | 2 | 2 | 6 | 2 | 6 | | | | | | | | | | | | | |
| K$^{19}$ | 2 | 2 | 6 | 2 | 6 | | 1 | | | | | | | | | | | |
| Ca$^{20}$ | 2 | 2 | 6 | 2 | 6 | | 2 | | | | | | | | | | | |
| Sc$^{21}$ | 2 | 2 | 6 | 2 | 6 | 1 | 2 | | | | | | | | | | | |
| Ti$^{22}$ | 2 | 2 | 6 | 2 | 6 | 2 | 2 | | | | | | | | | | | |
| V$^{23}$ | 2 | 2 | 6 | 2 | 6 | 3 | 2 | | | | | | | | | | | |
| Cr$^{24}$ | 2 | 2 | 6 | 2 | 6 | 5 | 1 | | | | | | | | | | | |
| Mn$^{25}$ | 2 | 2 | 6 | 2 | 6 | 5 | 2 | | | | | | | | | | | |
| Fe$^{26}$ | 2 | 2 | 6 | 2 | 6 | 6 | 2 | | | | | | | | | | | |
| Co$^{27}$ | 2 | 2 | 6 | 2 | 6 | 7 | 2 | | | | | | | | | | | |
| Ni$^{28}$ | 2 | 2 | 6 | 2 | 6 | 8 | 2 | | | | | | | | | | | |
| Cu$^{29}$ | 2 | 2 | 6 | 2 | 6 | 10 | 1 | | | | | | | | | | | |
| Zn$^{30}$ | 2 | 2 | 6 | 2 | 6 | 10 | 2 | | | | | | | | | | | |
| Ga$^{31}$ | 2 | 2 | 6 | 2 | 6 | 10 | 2 | 1 | | | | | | | | | | |
| Ge$^{32}$ | 2 | 2 | 6 | 2 | 6 | 10 | 2 | 2 | | | | | | | | | | |
| As$^{33}$ | 2 | 2 | 6 | 2 | 6 | 10 | 2 | 3 | | | | | | | | | | |
| Se$^{34}$ | 2 | 2 | 6 | 2 | 6 | 10 | 2 | 4 | | | | | | | | | | |
| Br$^{35}$ | 2 | 2 | 6 | 2 | 6 | 10 | 2 | 5 | | | | | | | | | | |
| Kr$^{36}$ | 2 | 2 | 6 | 2 | 6 | 10 | 2 | 6 | | | | | | | | | | |
| Rb$^{37}$ | 2 | 2 | 6 | 2 | 6 | 10 | 2 | 6 | | | 1 | | | | | | | |
| Sr$^{38}$ | 2 | 2 | 6 | 2 | 6 | 10 | 2 | 6 | | | 2 | | | | | | | |
| Y$^{39}$ | 2 | 2 | 6 | 2 | 6 | 10 | 2 | 6 | 1 | | 2 | | | | | | | |
| Zr$^{40}$ | 2 | 2 | 6 | 2 | 6 | 10 | 2 | 6 | 2 | | 2 | | | | | | | |
| Nb$^{41}$ | 2 | 2 | 6 | 2 | 6 | 10 | 2 | 6 | 4 | | 1 | | | | | | | |
| Mo$^{42}$ | 2 | 2 | 6 | 2 | 6 | 10 | 2 | 6 | 5 | | 1 | | | | | | | |
| Tc$^{43}$ | 2 | 2 | 6 | 2 | 6 | 10 | 2 | 6 | 5 | | 2 | | | | | | | |
| Ru$^{44}$ | 2 | 2 | 6 | 2 | 6 | 10 | 2 | 6 | 7 | | 1 | | | | | | | |
| Rh$^{45}$ | 2 | 2 | 6 | 2 | 6 | 10 | 2 | 6 | 8 | | 1 | | | | | | | |
| Pd$^{46}$ | 2 | 2 | 6 | 2 | 6 | 10 | 2 | 6 | 10 | | | | | | | | | |
| Ag$^{47}$ | 2 | 2 | 6 | 2 | 6 | 10 | 2 | 6 | 10 | | 1 | | | | | | | |
| Cd$^{48}$ | 2 | 2 | 6 | 2 | 6 | 10 | 2 | 6 | 10 | | 2 | | | | | | | |
| In$^{49}$ | 2 | 2 | 6 | 2 | 6 | 10 | 2 | 6 | 10 | | 2 | 1 | | | | | | |
| Sn$^{50}$ | 2 | 2 | 6 | 2 | 6 | 10 | 2 | 6 | 10 | | 2 | 2 | | | | | | |
| Sb$^{51}$ | 2 | 2 | 6 | 2 | 6 | 10 | 2 | 6 | 10 | | 2 | 3 | | | | | | |
| Te$^{52}$ | 2 | 2 | 6 | 2 | 6 | 10 | 2 | 6 | 10 | | 2 | 4 | | | | | | |
| I$^{53}$ | 2 | 2 | 6 | 2 | 6 | 10 | 2 | 6 | 10 | | 2 | 5 | | | | | | |
| Xe$^{54}$ | 2 | 2 | 6 | 2 | 6 | 10 | 2 | 6 | 10 | | 2 | 6 | | | | | | |

表 **5.3** 基底状態の中性原子の電子配置.

| | 1s | 2s | 2p | 3s | 3p | 3d | 4s | 4p | 4d | 4f | 5s | 5p | 5d | 5f | 6s | 6p | 6d | 7s |
|---|---|---|---|---|---|---|---|---|---|---|---|---|---|---|---|---|---|---|
| Cs[55] | 2 | 2 | 6 | 2 | 6 | 10 | 2 | 6 | 10 | | 2 | 6 | | | 1 | | | |
| Ba[56] | 2 | 2 | 6 | 2 | 6 | 10 | 2 | 6 | 10 | | 2 | 6 | | | 2 | | | |
| La[57] | 2 | 2 | 6 | 2 | 6 | 10 | 2 | 6 | 10 | | 2 | 6 | 1 | | 2 | | | |
| Ce[58] | 2 | 2 | 6 | 2 | 6 | 10 | 2 | 6 | 10 | 2 | 2 | 6 | | | 2 | | | |
| Pr[59] | 2 | 2 | 6 | 2 | 6 | 10 | 2 | 6 | 10 | 3 | 2 | 6 | | | 2 | | | |
| Nd[60] | 2 | 2 | 6 | 2 | 6 | 10 | 2 | 6 | 10 | 4 | 2 | 6 | | | 2 | | | |
| Pm[61] | 2 | 2 | 6 | 2 | 6 | 10 | 2 | 6 | 10 | 5 | 2 | 6 | | | 2 | | | |
| Sm[62] | 2 | 2 | 6 | 2 | 6 | 10 | 2 | 6 | 10 | 6 | 2 | 6 | | | 2 | | | |
| Eu[63] | 2 | 2 | 6 | 2 | 6 | 10 | 2 | 6 | 10 | 7 | 2 | 6 | | | 2 | | | |
| Gd[64] | 2 | 2 | 6 | 2 | 6 | 10 | 2 | 6 | 10 | 7 | 2 | 6 | 1 | | 2 | | | |
| Tb[65] | 2 | 2 | 6 | 2 | 6 | 10 | 2 | 6 | 10 | 9 | 2 | 6 | | | 2 | | | |
| Dy[66] | 2 | 2 | 6 | 2 | 6 | 10 | 2 | 6 | 10 | 10 | 2 | 6 | | | 2 | | | |
| Ho[67] | 2 | 2 | 6 | 2 | 6 | 10 | 2 | 6 | 10 | 11 | 2 | 6 | | | 2 | | | |
| Er[68] | 2 | 2 | 6 | 2 | 6 | 10 | 2 | 6 | 10 | 12 | 2 | 6 | | | 2 | | | |
| Tm[69] | 2 | 2 | 6 | 2 | 6 | 10 | 2 | 6 | 10 | 13 | 2 | 6 | | | 2 | | | |
| Yb[70] | 2 | 2 | 6 | 2 | 6 | 10 | 2 | 6 | 10 | 14 | 2 | 6 | | | 2 | | | |
| Lu[71] | 2 | 2 | 6 | 2 | 6 | 10 | 2 | 6 | 10 | 14 | 2 | 6 | 1 | | 2 | | | |
| Hf[72] | 2 | 2 | 6 | 2 | 6 | 10 | 2 | 6 | 10 | 14 | 2 | 6 | 2 | | 2 | | | |
| Ta[73] | 2 | 2 | 6 | 2 | 6 | 10 | 2 | 6 | 10 | 14 | 2 | 6 | 3 | | 2 | | | |
| W[74] | 2 | 2 | 6 | 2 | 6 | 10 | 2 | 6 | 10 | 14 | 2 | 6 | 4 | | 2 | | | |
| Re[75] | 2 | 2 | 6 | 2 | 6 | 10 | 2 | 6 | 10 | 14 | 2 | 6 | 5 | | 2 | | | |
| Os[76] | 2 | 2 | 6 | 2 | 6 | 10 | 2 | 6 | 10 | 14 | 2 | 6 | 6 | | 2 | | | |
| Ir[77] | 2 | 2 | 6 | 2 | 6 | 10 | 2 | 6 | 10 | 14 | 2 | 6 | 7 | | 2 | | | |
| Pt[78] | 2 | 2 | 6 | 2 | 6 | 10 | 2 | 6 | 10 | 14 | 2 | 6 | 9 | | 1 | | | |
| Au[79] | 2 | 2 | 6 | 2 | 6 | 10 | 2 | 6 | 10 | 14 | 2 | 6 | 10 | | 1 | | | |
| Hg[80] | 2 | 2 | 6 | 2 | 6 | 10 | 2 | 6 | 10 | 14 | 2 | 6 | 10 | | 2 | | | |
| Tl[81] | 2 | 2 | 6 | 2 | 6 | 10 | 2 | 6 | 10 | 14 | 2 | 6 | 10 | | 2 | 1 | | |
| Pb[82] | 2 | 2 | 6 | 2 | 6 | 10 | 2 | 6 | 10 | 14 | 2 | 6 | 10 | | 2 | 2 | | |
| Bi[83] | 2 | 2 | 6 | 2 | 6 | 10 | 2 | 6 | 10 | 14 | 2 | 6 | 10 | | 2 | 3 | | |
| Po[84] | 2 | 2 | 6 | 2 | 6 | 10 | 2 | 6 | 10 | 14 | 2 | 6 | 10 | | 2 | 4 | | |
| At[85] | 2 | 2 | 6 | 2 | 6 | 10 | 2 | 6 | 10 | 14 | 2 | 6 | 10 | | 2 | 5 | | |
| Rn[86] | 2 | 2 | 6 | 2 | 6 | 10 | 2 | 6 | 10 | 14 | 2 | 6 | 10 | | 2 | 6 | | |
| Fr[87] | 2 | 2 | 6 | 2 | 6 | 10 | 2 | 6 | 10 | 14 | 2 | 6 | 10 | | 2 | 6 | | 1 |
| Ra[88] | 2 | 2 | 6 | 2 | 6 | 10 | 2 | 6 | 10 | 14 | 2 | 6 | 10 | | 2 | 6 | | 2 |
| Ac[89] | 2 | 2 | 6 | 2 | 6 | 10 | 2 | 6 | 10 | 14 | 2 | 6 | 10 | | 2 | 6 | 1 | 2 |
| Th[90] | 2 | 2 | 6 | 2 | 6 | 10 | 2 | 6 | 10 | 14 | 2 | 6 | 10 | | 2 | 6 | 2 | 2 |
| Pa[91] | 2 | 2 | 6 | 2 | 6 | 10 | 2 | 6 | 10 | 14 | 2 | 6 | 10 | 2 | 2 | 6 | 1 | 2 |
| U[92] | 2 | 2 | 6 | 2 | 6 | 10 | 2 | 6 | 10 | 14 | 2 | 6 | 10 | 3 | 2 | 6 | 1 | 2 |
| Np[93] | 2 | 2 | 6 | 2 | 6 | 10 | 2 | 6 | 10 | 14 | 2 | 6 | 10 | 4 | 2 | 6 | 1 | 2 |
| Pu[94] | 2 | 2 | 6 | 2 | 6 | 10 | 2 | 6 | 10 | 14 | 2 | 6 | 10 | 5 | 2 | 6 | 1 | 2 |
| Am[95] | 2 | 2 | 6 | 2 | 6 | 10 | 2 | 6 | 10 | 14 | 2 | 6 | 10 | 6 | 2 | 6 | 1 | 2 |
| Cm[96] | 2 | 2 | 6 | 2 | 6 | 10 | 2 | 6 | 10 | 14 | 2 | 6 | 10 | 7 | 2 | 6 | 1 | 2 |
| Bk[97] | | | | | | | | | | | | | | | | | | |
| Cf[98] | | | | | | | | | | | | | | | | | | |
| Es[99] | | | | | | | | | | | | | | | | | | |
| Fm[100] | | | | | | | | | | | | | | | | | | |
| Md[101] | | | | | | | | | | | | | | | | | | |
| No[102] | | | | | | | | | | | | | | | | | | |
| Lr[103] | | | | | | | | | | | | | | | | | | |

($Z = 5$) と進むにつれて，逆に非金属性が強くなり，17 族のハロゲン元素では，1 族元素とは対照的に，1 個の電子を取り込んで 1 価の陰イオンになる傾向が強い．18 族は不活性元素とよばれ，単体で安定で化合物を作らない．

一方，電子配置表の最外殻電子配置をみれば，不活性元素では，(He を除いて他は) すべて p 電子 6 個の閉殻構造をもっており，1 族元素では，この閉殻に s 電子が 1 個余分にあり，17 族元素では閉殻を作るのに 1 個の電子が不足している．よって，18 族元素の化学的安定性は，p 電子の閉殻構造がきわめて安定であること，そして，1 族，18 族元素はなるべくこの閉殻構造をとろうとする傾向をもつことを示していると理解される．

次に 13 族元素 (B, Al, Ga, In, Tl) に注目すると最外殻は p 電子 1 個である．B, C, N, O, F と $Z$ が 1 つずつ増えるにしたがい p 電子が 1 個ずつ増える．Al, Ga, In, Tl についてもそれぞれ $Z$ が増えると p 電子が増える．このことは元素の非金属性の強まりに対応していると理解される．

また，$Z = 57 \sim 71$ のランタノイドがひとまとめで周期表に格納されていることの理由は明快である．すなわち電子配置表によれば，この一群の元素では，$Z$ が増加しても，結合に関わる 6s 電子の個数は 2 のまま変わらず，内殻の 4f, 5d の電子数だけが変化し，化学的性質はほとんど変化しないからである．$Z = 89 \sim 103$ のアクチノイドも $Z = 89 \sim 96$ については同様の事情にあることがわかる．$Z = 97 \sim 103$ は電子配置が完全に確定していないが同様の事情があると推測されている．

このように，電子配置表は周期表の成り立ちを見事に説明するものとなっている．

## 5.4 水素分子

これまでは，水素原子，多電子原子といった 1 原子系について調べてきた．ここでは 2 原子からなる分子の中でもっとも簡単な水素分子に注目し，1 電子のエネルギー準位および波動関数について調べる．

水素分子は，2 個の電子と 2 個の陽子からなる．ここでは系の定性的な振る舞いを見るために，1 個の電子のみに注目する近似 (1 電子近似) を用いる．す

なわち，水素分子の1電子は2つの陽子によるクーロン引力ポテンシャルと他の電子によるクーロン反発ポテンシャル（つじつまの合った平均場ポテンシャル）の中を運動するとする．この近似の下で1電子のエネルギー，波動関数を求める．

図 5.11 のように，2個の陽子 $a, b$ の位置ベクトルをそれぞれ $\boldsymbol{R}_a, \boldsymbol{R}_b$ とする．このときの電子のハミルトニアンは次のように書かれる．

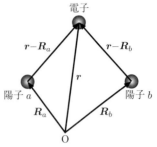

$$H = -\frac{\hbar^2}{2m_e}\nabla^2 + V(\boldsymbol{r}) \qquad (5.63)$$

ここで，$\nabla^2 = \partial^2/\partial x^2 + \partial^2/\partial y^2 + \partial^2/\partial z^2$ であり，$V(\boldsymbol{r})$ には，陽子 $a$ からのクーロン引力ポテンシャル $-\dfrac{e^2}{4\pi\varepsilon_0|\boldsymbol{r}-\boldsymbol{R}_a|}$，陽子 $b$

図 5.11 水素分子における陽子 $a, b$，および注目する電子の位置．

からのそれ $-\dfrac{e^2}{4\pi\varepsilon_0|\boldsymbol{r}-\boldsymbol{R}_b|}$，そして他の電子からのクーロン反発ポテンシャル $V_{\mathrm{C}}(\boldsymbol{r})$（つじつまの合った平均場ポテンシャル）が含まれている．

式 (5.63) の波動関数 $\Phi(\boldsymbol{r})$ を求めるにあたって，$\Phi(\boldsymbol{r})$ は各原子の原子軌道の線形結合で表されるとする（線形結合近似）．すなわち，位置 $\boldsymbol{R}_a, \boldsymbol{R}_b$ の水素原子の規格化された波動関数（1s 軌道）を $u(\boldsymbol{r}-\boldsymbol{R}_a), u(\boldsymbol{r}-\boldsymbol{R}_b)$ とするとき，$\Phi(\boldsymbol{r})$ は

$$\Phi(\boldsymbol{r}) = c_a u(\boldsymbol{r}-\boldsymbol{R}_a) + c_b u(\boldsymbol{r}-\boldsymbol{R}_b) \qquad (5.64)$$

と書かれる．ここで $c_a, c_b$ は係数である．なお，その $u(\boldsymbol{r}-\boldsymbol{R}_a)$ と $u(\boldsymbol{r}-\boldsymbol{R}_b)$ の重なり積分は

$$\int u^*(\boldsymbol{r}-\boldsymbol{R}_a)u(\boldsymbol{r}-\boldsymbol{R}_b)\,\mathrm{d}\boldsymbol{r} = S \quad (0 \le S < 1) \qquad (5.65)$$

である．

固有値を $E$ とするとき，固有値方程式は $H\Phi(\boldsymbol{r}) = E\Phi(\boldsymbol{r})$ と書かれる．この方程式に対して，左から $u^*(\boldsymbol{r}-\boldsymbol{R}_a), u^*(\boldsymbol{r}-\boldsymbol{R}_b)$ をかけて積分すると，

$$\int u^*(\boldsymbol{r}-\boldsymbol{R}_a)H\Phi(\boldsymbol{r})\,\mathrm{d}\boldsymbol{r} = \varepsilon c_a + t c_b = E(c_a + S c_b) \qquad (5.66)$$

$$\int u^*(\boldsymbol{r}-\boldsymbol{R}_b)H\Phi(\boldsymbol{r})\,\mathrm{d}\boldsymbol{r} = t c_a + \varepsilon c_b = E(c_b + S c_a) \qquad (5.67)$$

ただし,

$$\varepsilon = \int u^*(\boldsymbol{r} - \boldsymbol{R}_a) H u(\boldsymbol{r} - \boldsymbol{R}_a)$$

$$= \int u^*(\boldsymbol{r} - \boldsymbol{R}_b) H u(\boldsymbol{r} - \boldsymbol{R}_b) \tag{5.68}$$

$$t = \int u^*(\boldsymbol{r} - \boldsymbol{R}_a) H u(\boldsymbol{r} - \boldsymbol{R}_b) \, \mathrm{d}\boldsymbol{r}$$

$$= \int u^*(\boldsymbol{r} - \boldsymbol{R}_b) H u(\boldsymbol{r} - \boldsymbol{R}_a) \, \mathrm{d}\boldsymbol{r} \tag{5.69}$$

となる．ここで $\varepsilon$ は孤立原子のエネルギーに加え他の陽子からのポテンシャル
と $V_C(\boldsymbol{r})$ の寄与を含んだエネルギーである．$t$ はとび移り積分とよばれ，ここ
では $t < 0$ と考えられる．この $t$ の符号については，$u$ が 1s 軌道（正の実関
数）であることと，式 (5.69) の積分において，$H$ の中でもっとも支配的な項
が他の陽子からの引力ポテンシャル（符号は負）であることによる．上式から
$c_a, c_b \neq 0$ の下で得られた $\Phi(\boldsymbol{r})$ と $E$ は次のとおりである．

$$\Phi_+(\boldsymbol{r}) = \frac{1}{\sqrt{2(1+S)}} \left[ u(\boldsymbol{r} - \boldsymbol{R}_a) + u(\boldsymbol{r} - \boldsymbol{R}_b) \right], \quad E_+ = \frac{\varepsilon - |t|}{1 + S} \tag{5.70}$$

$$\Phi_-(\boldsymbol{r}) = \frac{1}{\sqrt{2(1-S)}} \left[ u(\boldsymbol{r} - \boldsymbol{R}_a) - u(\boldsymbol{r} - \boldsymbol{R}_b) \right], \quad E_- = \frac{\varepsilon + |t|}{1 - S} \tag{5.71}$$

$S \ll 1$ の場合を考える．エネルギー準位と波動関数の概略図をそれぞれ図 5.12
と図 5.13 に示す．$\Phi_+(\boldsymbol{r})$ は陽子 $a$ と $b$ の中間領域でも有限である．またその
領域では存在確率 $|\Phi_+(\boldsymbol{r})|^2$ も孤立原子の場合（点線）に比べて大きくなる（図
5.14 参照）．したがって，$\Phi_+(\boldsymbol{r})$ は中間領域で他の原子からの引力ポテンシャ
ル（符号は負）を感じる分，エネルギーが低くなる．2 原子が近づいた場合の
エネルギーである $E_+$ が $\varepsilon$ より低くなることから，$\Phi_+(\boldsymbol{r})$ を結合軌道とよぶ．

　一方，$\Phi_-(\boldsymbol{r})$ については，中間領域で $u(\boldsymbol{r} - \boldsymbol{R}_a)$ と $u(\boldsymbol{r} - \boldsymbol{R}_b)$ 間の打ち消し
合いが起こる．$\Phi_-(\boldsymbol{r})$（実線）は孤立原子の場合（点線）よりも小さくなり（図
5.13 参照），$|\Phi_-(\boldsymbol{r})|^2$ は 2 つの陽子を結ぶ直線の中心でゼロになる（図 5.14 参
照）．その結果，2 原子が近づいた場合のエネルギー $E_-$ が $\varepsilon$ より大きくなる．
したがって，$\Phi_-(\boldsymbol{r})$ を反結合軌道とよぶ．

　水素分子は電子 2 個をもつので，基底状態は 2 個の電子が $\Phi_+(\boldsymbol{r})$ の軌道に
入った状態になる．一方の電子は $m_s = 1/2$, 他方のそれは $m_s = -1/2$ をもつ.

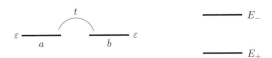

図 5.12　左図：エネルギー $\varepsilon$ をもつ 2 つの準位 $a$ と $b$ にとび移り積分 $t$ が取り入れられる．右図：水素分子の 1 電子エネルギー．$E_+(E_-)$ は結合軌道（反結合軌道）のエネルギー．

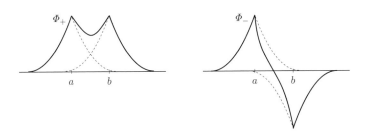

図 5.13　左図：結合軌道 $\Phi_+(\boldsymbol{r})$．右図：反結合軌道 $\Phi_-(\boldsymbol{r})$．$a, b$ は陽子の位置を表す．

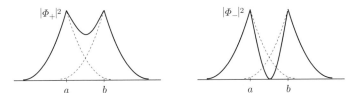

図 5.14　左図：結合軌道の絶対値の 2 乗 $|\Phi_+(\boldsymbol{r})|^2$．右図：反結合軌道の絶対値の 2 乗 $|\Phi_-(\boldsymbol{r})|^2$．$a, b$ は陽子の位置を表す．

---

### 演習問題 5

1. $[\phi, l_z] = i\hbar$ が成立することを示せ．
2. 主量子数 $n$ の殻に属する状態（軌道）の総数を求めよ．
3. 電子を一様密度をもつ質量 $9.1 \times 10^{-31}$ kg, 半径 $10^{-15}$ m の球とする．その球の角運動量がスピン角運動量 $\hbar/2$ に等しいとき, 球の表面の速さが光速 ($3.0 \times 10^8$ m/s) を超えることを示せ．
4. イオン $O^{2-}$, $Ca^{2+}$ の電子配置を示せ．
5. $s = 1/2$, $m_s = 1/2$ の状態に対する $S_x{}^2 + S_y{}^2$ の固有値を求めよ．

# 第6章 🌀 周期ポテンシャル中の電子 ―バンド理論―

　第4章では，井戸型など様々な形のポテンシャル中での電子の軌道とエネルギー準位を学んだ．本章では，同じ形が繰り返し現れるポテンシャル，すなわち周期的なポテンシャル中での電子の状態を学習する．ポテンシャルの周期性によって電子の波動関数にも周期性が現れ，そこではバンドとよばれる概念が重要な役割を果たす．

　はじめに，波動関数の周期性を表すブロッホの定理やブリュアンゾーンの概念について説明する．次に自由電子の延長として，弱い周期ポテンシャル中で電子状態を記述し，エネルギー分散曲線にバンド（電子の存在するエネルギー帯）とギャップ（電子の存在しないエネルギー帯）が現れることを説明する．

　また，自由電子からのアプローチとは反対に，原子軌道の重ね合わせによって原子が周期的に並んだポテンシャル中の電子状態を表し，離散的な原子軌道準位が相互作用により広がってバンド構造ができることを示す．

　この章の最後では，バンドへの電子の詰まり方によって，金属・絶縁体・半導体の違いが生じることを説明し，次章での学習へつなげる．

## 6.1　周期ポテンシャルとブリュアンゾーン

### 6.1.1　ブロッホの定理

　$x$ 方向に間隔 $a$ で原子が並んだ1次元結晶（図 6.1）を考える．ここでは，大きさ $L = Na$ の結晶を想定して，電子の波動関数に第3章で学んだ周期的境界条件（$\psi(x + L) = \psi(x)$）を導入する．

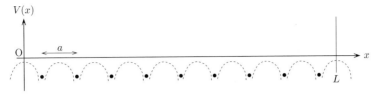

**図 6.1**    周期 $a$, 長さ $L = Na$ の 1 次元結晶のポテンシャル $V(x) = V(x+a)$. 周期的境界条件を導入して，$\psi(x+L) = \psi(x)$ とする.

　結晶中の 1 個の電子が感じるポテンシャルを $V(x)$ とすると，結晶中の電子のシュレーディンガー方程式は，

$$\left\{-\frac{\hbar^2}{2m}\frac{\partial^2}{\partial x^2} + V(x)\right\}\psi(x) = E\psi(x) \tag{6.1}$$

と表される．上式について $x \to x+a$ とし，ポテンシャルの周期性 $(V(x+a) = V(x))$ を考慮すると，

$$\left\{-\frac{\hbar^2}{2m}\frac{\partial^2}{\partial x^2} + V(x)\right\}\psi(x+a) = E\psi(x+a) \tag{6.2}$$

と表される．$\psi(x)$ と $\psi(x+a)$ とは同じ方程式の解となるから，両者の違いはたかだか定数倍となる．すなわち，$C$ を定数として，

$$\psi(x+a) = C\psi(x). \tag{6.3}$$

と表される.

　ここで，$\psi$ に周期的境界条件を適用する．$x$ が $L = Na$ 進むと元の波動関数に戻るのであるから，

$$\psi(x+Na) = C^N\psi(x) = \psi(x) \tag{6.4}$$

となる．$C^N = 1 = e^{i2\pi n}$ $(n = 整数)$ より，

$$C = e^{i2\pi n/N} = e^{i(2\pi n/Na)a} = e^{ika} \tag{6.5}$$

が得られる．$k$ $(= 2\pi n/Na)$ は $2\pi/L$ ごとの離散的な値である．$\psi(x)$ は $k$ によって区別されるので，添え字 $k$ を付け $\psi_k$ と表すと，式 (6.3) は

$$\psi_k(x+a) = \psi_k(x)e^{ika} \tag{6.6}$$

と表される.

　ここで，結晶と同じ周期 $a$ の関数 $u_k(x)$ $(= u_k(x+a))$ を用いて，$\psi_k(x)$ を

$$\psi_k(x) = u_k(x)e^{ikx} \tag{6.7}$$

と表してみる. $x$ に $x+a$ を代入すると,

$$\psi_k(x+a) = u_k(x+a)e^{ik(x+a)} = u_k(x)e^{ikx}e^{ika} = \psi_k(x)e^{ika} \tag{6.8}$$

となることから, 式 (6.7) は式 (6.6) を満たす波動関数であることがわかる. 式 (6.6) またはそこから導かれる式 (6.7) をブロッホの定理といい, 周期ポテンシャル中での波動関数へ課される要請を表す. また, 式 (6.7) の形の波動関数をブロッホ波とよぶ. ブロッホ波は波動 $e^{ikx}$ が周期ポテンシャル中では周期 $a$ の関数 $u_k$ によって変調されていると解釈される.

### 6.1.2 ブリュアンゾーン

式 (6.5) において, $k$ 中の $n$ はすべての整数値をとるが, 因子 $e^{ika}$ は $N$ ごとに繰り返し $k$ 空間で $K = 2\pi/a$ の周期をもち, $K$ (およびその整数倍) は逆格子点とよばれる (図 6.2).

$$e^{i(k+K)a} = e^{iKa}e^{ika} = e^{ika}. \tag{6.9}$$

$K$ と任意の整数 $l$ を用いて式 (6.7) を次のように書き換える.

$$\psi_k(x) = u_k(x)e^{ikx} = \left\{ u_k(x)e^{ilKx} \right\} e^{i(k-lK)x} \tag{6.10}$$

$\{\ \}$ 内の関数も周期 $a$ の関数となることから, 上式は点 $k$ の 1 つの解 (波動関数, エネルギー固有値) がそのまま点 $(k-lK)$ の解となることを示している. すなわち, 点 $k$ で 1 つの解がみつかれば, それが自動的に逆格子だけ離れた点 $(k-lK)$ の解となる. このことから, 1 つの点 $k$ に属している解に, たとえば, エネルギーの低い順に番号 $n$ を付けたとき, 波動関数, エネルギー固有値ともに

$$\psi_{k,n} = \psi_{k-lK,n} \tag{6.11}$$

$$E_{k,n} = E_{k-lK,n} \tag{6.12}$$

が成り立つ. これは, $\psi_k$ や $E_k$ が $k$ について $K$ ごとに繰り返し現れることを表し, どこかの幅 $K$ の領域での解が得られれば, 全 $k$ 空間での解が得られることがわかる.

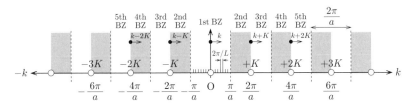

**図 6.2**　空間 $k$ における周期 $K = 2\pi/a$ の逆格子点（○）と基本単位胞．色分けした領域はブリュアンゾーンで，原点から近い順に第 1 ブリュアンゾーン (1stBZ)，第 2 ブリュアンゾーン (2ndBZ)，… という．

　逆格子点を 1 つ含む幅 $K$ の領域を空間 $k$ における基本単位胞という．図 6.2 には逆格子点を○印で，基本単位胞の境界を破線で示してある．また，空間 $k$ を間隔 $K/2$ に区切り，原点から順に $\pm k$ 方向へ $K/2$ の領域をとった合計 $K$ の領域をブリュアンゾーンという．原点から第 1 ブリュアンゾーン，第 2 ブリュアンゾーン，… といい，図 6.2 では各ブリュアンゾーンを色分けしてある．$k$ の範囲を $-K/2 \sim K/2$ に限ったとき，各ブリュアンゾーンには，ある $k$ に対して $\{k + lK\}$ の点が 1 つずつ存在する．

　第 1 ブリュアンゾーンは原点での基本単位胞に重なり，特に区別する必要がない場合は，第 1 ブリュアンゾーンを単にブリュアンゾーンという．

　ブロッホの定理もしくは式 (6.11), (6.12) を空格子ポテンシャル（深さが無限小の仮想的な周期ポテンシャル）へ適用してみよう．

　空格子ポテンシャルでは，自由電子の解

$$\psi_k = A e^{ikx} \tag{6.13}$$

$$E_k = \frac{\hbar^2}{2m} k^2 \tag{6.14}$$

が解の 1 つとなるから，これを $lK$ だけ平行移動させたものも解となり，分散曲線は図 6.3 のように，これらを重ね合わせたものとなる．この図からも明らかのように分散曲線（および波動関数）は第 1 ブリュアンゾーンの繰り返しとなるから，周期ポテンシャル中での状態は，第 1 ブリュアンゾーン（$-K/2 < k < K/2$）を記述するだけで十分であることがわかる．以上のことから，一般にバンド図とよばれる分散曲線は第 1 ブリュアンゾーンのみが示される．

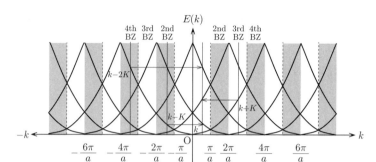

**図 6.3** 空格子ポテンシャル中での電子のエネルギー準位. 逆格子点を原点として $K = 2\pi/a$ の周期で分散曲線が繰り返される. 第 1 ブリュアンゾーンのある点 $k$ 上には，各ブリュアンゾーンの対応する点 $(k + lK)$ の準位が順番に現れる.

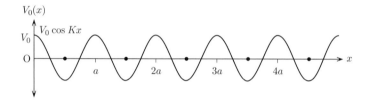

**図 6.4** 周期 $a$，高さ $V_0$ のポテンシャル. 原子位置でポテンシャルが深くなる.

## 6.2 弱い周期ポテンシャル中の電子とバンド構造

### 6.2.1 平面波の展開で表した結晶の軌道とバンドギャップ

原子位置に谷がある周期 $a$ のポテンシャル（図 6.4）

$$V(x) = V_0 \cos Kx = \frac{V_0}{2} \left( e^{iKx} + e^{-iKx} \right) \tag{6.15}$$

を考え，その中での電子の波動関数を求めよう. $K = 2\pi/a$ である. $V_0$ は小さく波動関数は空格子ポテンシャル（自由電子）のものからそれほど大きく変化しないものとして，第 1 ブリュアンゾーン端 $(k = K/2)$ で交差する $\hbar^2 k^2/(2m)$ と $\hbar^2 (k - K)^2/(2m)$ の状態が，周期ポテンシャルによってどのように変化するのかをみよう.

ポテンシャル $V$ 中の波動関数 $\psi(x)$ を同じ周期 $a$ の関数 $u(x)$ を用いて，ブロッホ波の形

$$\psi(x) = u(x) e^{ikx} \tag{6.16}$$

で表す（簡単のために前節で記した添え字 $k, l$ は省略する）．周期関数 $u(x)$ は，フーリエ級数展開により波数 $nK = 2\pi n/a$（$n$ は整数）の平面波に展開される．

$$u(x) = \sum_n C_n e^{inKx} \quad (6.17)$$

$C_n$ は $u(x)$ の形によってきまる係数で，一般に無限の $n$ が必要となるが，$k = \pi/a$ 近傍での $\psi(x)$ は，図 6.5 中の破線で示すような 2 つの状態の軌道（$e^{i(k-K)x}, e^{ikx}$）の重ね合わせで近似できるとする．すなわち，

$$\begin{aligned}\psi(x) &= u(x)e^{ikx} \\ &= \left\{ C_{-1}e^{-iKx} + C_0 \right\} e^{ikx}\end{aligned}$$
$$(6.18)$$

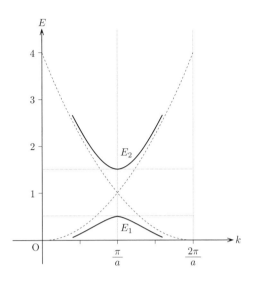

**図 6.5** 弱い周期ポテンシャル中でのエネルギーバンド図（縦軸 $E$ は $\hbar^2/2m(\pi/a)^2$ を単位とする）．ブリュアンゾーン端には準位の存在しないエネルギー領域（バンドギャップ）ができる．破線は展開に用いた軌道のエネルギー準位を示す．

である．係数 $C_{-1}$, $C_0$ は，これから行う作業によりエネルギー $E$ とともに決定される．

式 (6.18) の $\psi(x)$ をシュレーディンガー方程式

$$\left\{ -\frac{\hbar^2}{2m}\frac{\mathrm{d}^2}{\mathrm{d}x^2} + V(x) \right\} \psi(x) = E\psi(x) \quad (6.19)$$

へ代入する．

$$\begin{aligned}&\frac{\hbar^2}{2m}\left\{ (k-K)^2 C_{-1}e^{-iKx} + k^2 C_0 \right\} e^{ikx} + \\ &\quad \frac{V_0}{2}\left\{ C_{-1}e^{-i2Kx} + C_0 e^{-iKx} + C_{-1} + C_0 e^{iKx} \right\} e^{ikx} \\ &\quad = E\left\{ C_{-1}e^{-iKx} + C_0 \right\} e^{ikx}\end{aligned} \quad (6.20)$$

上式両辺に $e^{-i(k-K)x}$ をかけて，結晶の周期 $a$ の範囲で積分すると $e^{-iKx}e^{ikx}$ の項を残してそれ以外の項は消える．同様に $e^{-ikx}$ をかけて積分すると，$e^{ikx}$

の項のみが残る式となり，以下の2式が得られる．

$$\left\{\frac{\hbar^2}{2m}(k-K)^2 - E\right\}C_{-1} + \frac{V_0}{2}C_0 = 0 \tag{6.21}$$

$$\frac{V_0}{2}C_{-1} + \left\{\frac{\hbar^2}{2m}k^2 - E\right\}C_0 = 0 \tag{6.22}$$

$\hbar^2(k-K)^2/2m$, $\hbar^2 k^2/2m$ はそれぞれ波数 $k-K$, $k$ の平面波の運動エネルギーであるから，これらを $T_{-1}$, $T_0$ とおき，この連立方程式を整理すると $E$ についての2次方程式が得られる．

$$(T_{-1} - E)(T_0 - E) - \left(\frac{V_0}{2}\right)^2 = 0 \tag{6.23}$$

$V_0 = 0$ のとき，上式左辺は第1項のみとなり，解 $E$ が自由電子の2状態のものと一致することは明らかである．$V_0$ のかかる第2項が自由電子からの変化を与え，方程式の解として，

$$E = \frac{T_{-1} + T_0 \pm \sqrt{(T_{-1} - T_0)^2 + V_0{}^2}}{2} \tag{6.24}$$

を得る．$V_0 = (\hbar^2/2m)(\pi/a)^2 = (\hbar^2/2m)(K/2)^2$ として，$E(k)$ の値を計算した結果が，図6.5中の実線である．2次方程式の解として2本の分散曲線 $E_1$, $E_2$ が得られる．この分散曲線をバンドとよぶ．ブリュアンゾーン端での値 $E(K/2)$ を計算すると，2つの解

$$E_1(K/2) = \frac{1}{2}\frac{\hbar^2}{2m}\left(\frac{K}{2}\right)^2 \tag{6.25}$$

$$E_2(K/2) = \frac{3}{2}\frac{\hbar^2}{2m}\left(\frac{K}{2}\right)^2 \tag{6.26}$$

が得られる．すなわち，空格子（破線）では縮退していたブリュアンゾーン端でのエネルギー準位は間隔 $V_0$ で分裂し，その間のエネルギーには準位（バンド）が存在しない．準位の存在しない領域をバンドギャップまたはエネルギーギャップという．

　$E$ が求まると，これを元の式 (6.21), (6.22) へ代入することにより，分散曲線ごとに $\psi(x)$ の係数 $C_{-1}$, $C_0$ が決まる．図6.6には，$E_1$ と $E_2$，それぞれの係数を $k$ の関数として示してある．

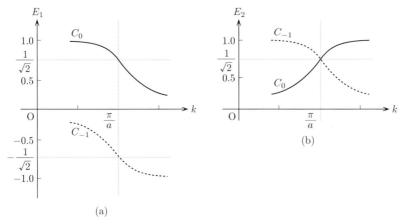

(a)

図 **6.6**　弱い周期ポテンシャル中での軌道・式 (6.18) の展開係数. (a) 最低エネルギーバンド $E_1$ の軌道の係数, (b) 2 番目のバンド $E_2$ の軌道の係数. ブリュアンゾーン端 ($k = \pi/a$) で, $E_1$ では, $C_{-1} = -C_0$, $E_2$ では, $C_{-1} = C_0$ となる.

ブリュアンゾーン端の値 $E_1(K/2)$, $E_2(K/2)$ を $C_{-1}$, $C_0$ の連立方程式に入れると, それぞれについて,

$$C_{-1} = -C_0, \quad (E_1(K/2) \text{ の場合})$$

$$C_{-1} = \quad C_0, \quad (E_2(K/2) \text{ の場合})$$

が得られ, これらの係数からブリュアンゾーン端 ($k = K/2$) での波動関数は

$$\psi_{K/2,1} = C_0(e^{iKx/2} - e^{-iKx/2}) = 2C_0 i \sin \frac{K}{2}x \tag{6.27}$$

$$\psi_{K/2,2} = C_0(e^{iKx/2} + e^{-iKx/2}) = 2C_0 \cos \frac{K}{2}x \tag{6.28}$$

のように, 波長 $2a$ の sin 関数, cos 関数の定在波となる.

空格子ポテンシャル（自由電子）では $\sin Kx/2$ と $\cos Kx/2$ とは縮退して同じエネルギーとなるが, $V_0 \cos Kx$ のポテンシャル中では, 図 6.7 のように, sin 関数 ($\psi_{K/2,1}$) の方はポテンシャルの低い原子付近で存在確率が大きく, cos 関数 ($\psi_{K/2,2}$) の方はポテンシャルの高い原子間で存在確率が大きいため, 結果として両者のエネルギーに $V_0$ の差ができ, この部分がエネルギーギャップとなる.

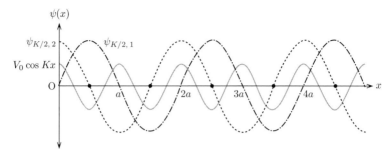

**図 6.7**　弱い周期ポテンシャル中での軌道. ポテンシャルの深いところで存在確率の高い $\psi_{K/2,1}$ （式 (6.27)）と低い $\psi_{K/2,2}$ （式 (6.28)）.

なお，もう一方のゾーン端 $(k = -K/2)$ 近傍についても，波動関数を

$$\psi(x) = \left\{ C_0 + C_1 e^{iKx} \right\} e^{ikx} \tag{6.29}$$

のように展開してエネルギー準位を求めると，$k = K/2$ の場合と同様にバンドギャップが生じ，ゾーン端での波動関数は定在波となる.

### 6.2.2　ブラッグ反射とバンドギャップ

ここまでは，周期 $a$ のポテンシャル中でのシュレーディンガー方程式を解くことにより，ブリュアンゾーン端 $(k = \pm\pi/a)$ での波動関数が波長 $2a$ の定在波となりバンドギャップが生じることを明らかにした. このことは，以下に示すように，原子（ポテンシャルの凹凸）による波の反射が強めあう条件（ブラッグ反射）からも定性的に理解することができる.

定在波は入射波 $e^{ikx}$ と反射波 $e^{-ikx}$ の重ね合わせによって起こるが，一般的な波長 $\lambda$ の波の場合，各原子で反射される波の位相がそろわず，打ち消しあって反射波は生じない. このとき電子状態は入射波のみが進行する自由電子的なものといえる. 一方，ブラッグ反射の条件である $n\lambda = 2a$ を満たす波の場合，各原子での反射波は位相がそろい強めあい（図 6.8），このとき波動関数は定在波となる. この条件を波数に置き換えると，$k = 2\pi/\lambda = n\pi/a$ となり，これはブリュアンゾーン端の波数にほかならない. すなわち，ブリュアンゾーン端のように分散曲線が交差する波数では反射が強く起こり，波動関数は定在波となり，そのエネルギー準位は分裂してバンドギャップが生じることがわかる.

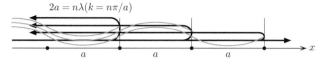

$$2a = n\lambda(k = n\pi/a)$$

**図 6.8**　波長 $\lambda$ がブラッグ反射の条件 $(n\lambda = 2a)$ を満たすとき，反射波が生じ波動関数は定在波となる．この条件を波数で表すとブリュアンゾーン端の波数 $k = n\pi/a$ と一致する．すなわちブリュアンゾーン端では波動関数は定在波となる．

## 6.3　原子軌道の結合で表した結晶の軌道とバンド構造

前節では自由電子に近い軌道が周期ポテンシャル中でどのように変化するのかを考えた．本節では，原子が周期的に並び結晶を形成したとき，孤立原子中の電子軌道がどのように変化するのかを考えよう．

$x$ 方向に原子が間隔 $a$ で並んだ結晶中の電子の $x$ 方向のシュレーディンガー方程式を

$$\left\{-\frac{\hbar^2}{2m}\frac{\partial^2}{\partial x^2} + V(x)\right\}\psi_k(x) = E_k\psi_k(x) \tag{6.30}$$

と表す．結晶のポテンシャル $V(x)$ は，各原子の位置 $x_n = na$ $(n = 整数)$ に原点のある孤立原子のポテンシャル $v_a(x - x_n)$ を重ね合わせたものになる．

$$V(x) = \sum_n v_a(x - x_n) \tag{6.31}$$

図 6.9 にこの様子を示す．ある原子の近傍では $V(x)$ の形は $v_a(x - x_n)$ に近いものとなり，波動関数 $\psi_k(x)$ もこの付近では孤立原子の波動関数 $\phi_i(x - x_n)$

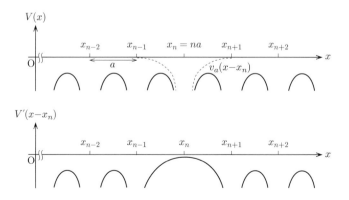

**図 6.9**　原子を周期 $a$ で並べた結晶ポテンシャル $V(x)$．破線は位置 $x_n = na$ での孤立原子ポテンシャル $v_a(x - x_n)$．下図 $V'(x - x_n)$ は結晶 $V(x)$ と孤立原子 $v_a(x - x_n)$ の差を表す．

（$i$ は s, $p_x$ などの各原子軌道）と似たものになることが想像できる．また，内殻電子の波動関数のように原子に局在し軌道の広がりの小さなものであれば，隣り合った原子中の電子との相互作用は小さく，エネルギー準位 $E_k$ も孤立原子中の準位 $E_i$ からそれほどずれないことが期待できる．本節では以上を出発点として，結晶中の電子状態を議論しよう．

### 6.3.1 原子軌道の結合によるブロッホ波

式 (6.30) の解 $\psi_k(x)$ を各原子軌道 $\phi_i$ の重ね合わせ $\varphi_k(x)$ で近似する[1]．

$$\psi_k(x) \approx \varphi_k(x) = \sum_n a_{nk}\phi_i(x - x_n) = \sum_n e^{ikx_n}\phi_i(x - x_n) \qquad (6.32)$$

結合係数 $a_{nk}$ は，$\varphi_k$ がブロッホの定理・式 (6.6) を満足しなれればならないことから，$a_{nk} = e^{ikx_n}$ に決まる．この係数から，$k = 0$ のとき $\varphi_k$ は各原子軌道が同じ符号で足し合わされたもの，

$$\varphi_0 = \cdots + \phi_i(x - x_{n-1}) + \phi_i(x - x_n) + \phi_i(x - x_{n+1}) + \cdots \qquad (6.33)$$

となる．ブリュアンゾーン端 $(k = \pi/a)$ では，$e^{i(\pi/a)na} = e^{in\pi} = \pm 1$ より，原子軌道の符号が交互に入れ替わる，

$$\varphi_{\pi/a} = \cdots - \phi_i(x - x_{n-1}) + \phi_i(x - x_n) - \phi_i(x - x_{n+1}) + \cdots \qquad (6.34)$$

となる．原子軌道が s 電子のような対称軌道の場合，前者は結合性軌道，後者は反結合性軌道となる．s 電子からなる軌道の様子を図 6.10 に示す．

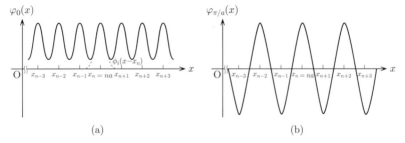

(a) (b)

**図 6.10** s 電子軌道 $\phi_i$ の線形結合で表した結晶中の軌道 $\varphi_k$．(a) ブリュアンゾーン中心 $(k = 0)$ での結合性軌道 $(\varphi_0)$．破線は原子軌道 $\phi_i(x - x_n)$．すべての $\phi_i$ が同符号で結合している．(b) ブリュアンゾーン端 $(k = \pi/a)$ での反結合性軌道 $(\varphi_{\pi/a})$．$\phi_i$ の符号が交互に入れ替わる．

---

[1] 原子軌道の線形結合で系の波動関数を記述する方法を LCAO (Linear Combination of Atomic Orbitals) 法という．

また, $\pi/a$ より大きな $k$ からは新たな軌道が生じないことがわかる. $|k| > \pi/a$ のある波数 $k$ を適当な逆格子点 $2l\pi/a$($l$ は整数) と $|k'| \leq \pi/a$ を用いて, $k = 2l\pi/a + k'$ と表すと,

$$e^{ikx_n} = e^{i(2l\pi/a+k')x_n} = e^{i2ln\pi}e^{ik'x_n} = e^{ik'x_n} \tag{6.35}$$

となるから, すべての状態は空間 $k$ で $2\pi/a$ の周期をもち, それらはブリュアンゾーン内で表現できることは, 前章で学んだとおりである.

### 6.3.2 原子軌道結合による状態とバンド構造

$\varphi_k$ を使って

$$E_k \approx \frac{\displaystyle\int \varphi_k^* H \varphi_k \, \mathrm{d}x}{\displaystyle\int \varphi_k^* \varphi_k \, \mathrm{d}x} \tag{6.36}$$

を計算してみよう. $H$ は式 (6.30) 中のハミルトニアンである.

式 (6.36) の分母は, 異なる原子の波動関数 $\phi_i(x - x_n)$ と $\phi_i(x - x_{n'})$ との重なりが小さく, $n = n'$ の項のみを残すとすると,

$$\sum_{n'}\sum_n \int e^{ik(x_n-x_{n'})}\phi_i^*(x-x_{n'})\phi_i(x-x_n)\,\mathrm{d}x$$

$$\approx \sum_n \int \phi_i^*(x-x_n)\phi_i(x-x_n)\,\mathrm{d}x = N \tag{6.37}$$

となる. ここで $N$ は結晶を構成する原子の数である.

次に, 分子のハミルトニアンを位置 $x_n$ にある孤立原子の部分 $H_a$ とそれ以外の結晶の部分 $V'$ に分ける.

$$H = -\frac{\hbar^2}{2m}\frac{\partial^2}{\partial x^2} + v_a(x-x_n) + V'(x-x_n) = H_a + V'(x-x_n) \tag{6.38}$$

$V'(x - x_n) = \displaystyle\sum_{n' \neq n} v_a(x - x_{n'})$ である. $H_a$ を $\phi_i$ に作用させると孤立原子中のエネルギー準位 $E_i$ になり, これらの分母分子の結果から, 式 (6.36) は

$$E_k \approx \frac{1}{N}\sum_n\sum_{n'} e^{ik(x_n-x_{n'})} \int \phi_i^*(x-x_{n'})\{E_i + V'(x-x_n)\}\phi_i(x-x_n)\,\mathrm{d}x \tag{6.39}$$

となる.

上式の積分のうち, $E_i$ を含む項は, 分母の計算と同様, 同じ原子の項 ($n' = n$) のみを残し, $V'$ を含む項は同じ原子と隣接原子 ($n' = n \pm 1,\ x_n - x_{n'} = \pm a$) の項だけを残す. これらを

$$V_i' = \int \phi_i^*(x - x_n) V'(x - x_n) \phi_i(x - x_n)\, \mathrm{d}x$$

$$W_i' = \int \phi_i^*(x - x_{n'}) V'(x - x_n) \phi_i(x - x_n)\, \mathrm{d}x$$

と表すと, $E_k$ として

$$E_k \approx E_i + V_i' + W_i'(e^{ika} + e^{-ika}) = E_i + V_i' + 2W_i' \cos ka \qquad (6.40)$$

が得られる. $V' < 0$ であるから, $V_i'$ の値は負, $W_i'$ の値は s 電子軌道など偶関数 (対称) であれば負, $\mathrm{p}_x$ 電子軌道など奇関数 (反対称) であれば正となる. また, これらの値の大きさは, 原子ポテンシャルや波動関数の重なりで決まり, 孤立原子のときは 0, 原子どうしが近づくにつれて大きくなる.

図 6.11 に式の $E_k$ から描いたバンドの様子を示す. $E_1$ は s 電子軌道の結合を, $E_2$ は $\mathrm{p}_x$ 電子軌道の結合をイメージしている. 周期 $2\pi/a$ で振動する $\cos ka$ の幅 $4W_i'$ がバンド幅になり, その間が準位の存在しないギャップとなる. この図と前節の図 6.5 が比較すべきもので, 式を $k = 0$ の近傍で $\cos ka \sim 1 - a^2 k^2$

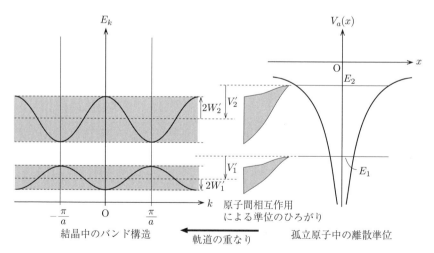

**図 6.11**　原子軌道の重ね合わせにより得られたバンド構造 (式 (6.40)). 原子間の相互作用によって図右の孤立原子の離散準位が広がりバンドを形成する.

と展開すると，

$$E_k = E_i + V_i' + 2W_i' - 2W_i'a^2k^2 \tag{6.41}$$

のように自由電子に対応する $k^2$ の曲線となる．

　原子間の相互作用が大きくなり，バンドが広がっていくと，バンドどうしが重なりありギャップがなくなる．

　結晶の性質は，これらのバンドの広がりと，電子がバンドのどこまで詰まるか（原子あたりの価電子数）によって決まる．実際のバンドの例として，次章の図 7.1, 7.4, 7.9 に典型的な金属結合・イオン結合・共有結合の物質についての模式図を示してある．

## 6.4　波束としての電子と有効質量

### 6.4.1　波束と群速度

　これまでは，波数 $k$ が一意に定まった波動関数を考えてきた．不確定性関係

$$\Delta x \, \Delta k \sim \pi$$

により，$k$ がある $k_0$ に決まっていたとすると，$\Delta k = 0$ より $\Delta x = \infty$ となり電子の波動関数は無限に広がっている．

　一方，固体中の伝導などを考えるとき，ある点 $k$ 上の電子があたかも粒子として動いているようにみなすことがある．これは，波数がある範囲に広がった波（波束）を考え，電子の位置を限定することに相当する．

　たとえば，波数が $k_0$ だけではなく，図 6.12 (a) のようにそのまわりの範囲 $2\Delta k$ に広がっているとする．このとき，不確定性関係により $\Delta x$ は有限の値となる．

　$k_0 - \Delta k \sim k_0 + \Delta k$ の間の波数に一定の振幅 $A$ をもつ平面波を波動関数として重ね合わせると，$\psi(x)$ および $|\psi(x)|^2$ は次のように与えられる．

$$\psi(x) = \int_{k_0-\Delta k}^{k_0+\Delta k} A e^{ikx} \, \mathrm{d}k = 2A\,\Delta k \frac{\sin \Delta k\,x}{\Delta k\,x} e^{ik_0 x} \tag{6.42}$$

$$|\psi(x)|^2 = (2A\,\Delta k)^2 \frac{\sin^2 \Delta k\,x}{(\Delta k\,x)^2} \tag{6.43}$$

$|\psi(x)|^2$ は図 6.12 (b) のような広がりをもち，原点に近い 2 つの零点の間を $2\Delta x$

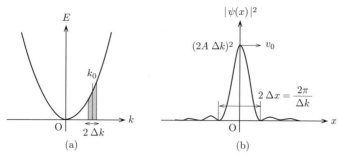

**図 6.12**　波数に $2\Delta k$ だけの幅があるときの波束の例．図 (a) のように波数 $k_0$ を中心に $\pm\Delta k$ の幅の波を重ね合わせると，空間的に $2\Delta x$ の幅をもった波束ができる（図 (b)）．これが電子を「粒子」とみなしたときの存在範囲となり，群速度 $v_0$ で移動する．

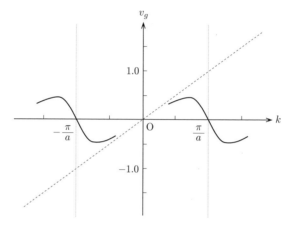

**図 6.13**　図 6.5 中の $E_1$ バンドの群速度（ブリュアンゾーンの $-k$ 側も含む）．破線は自由電子の群速度を表す（縦軸は $(\hbar/m)(\pi/a)$ を単位としている）．

とすれば，$\Delta x = \pi/\Delta k$ となる．すなわち，波数の広がりに反比例した範囲に限定された波束＝「粒子」としての電子が認識できる．

波束としての電子は，分散曲線の傾きで与えられる群速度

$$v_0 = \left.\frac{\mathrm{d}\omega}{\mathrm{d}k}\right|_{k=k_0} = \left.\frac{1}{\hbar}\frac{\mathrm{d}E}{\mathrm{d}k}\right|_{k=k_0} \tag{6.44}$$

で空間を移動していく（例題 6.1）．波数 $k_0$ を中心とする自由電子であれば，$v_0 = \hbar k_0/m$ となる．

図 6.13 に図 6.5 の分散曲線 $E_1$ の電子に対する群速度 $v_g = (1/\hbar)\,\mathrm{d}E_1/\mathrm{d}k$

を示す．ブリュアンゾーン端では，分散曲線 $E_1$ の傾きが 0 となり群速度が 0 となる．実際，ゾーン端での波動関数は定在波となり空間的な移動は起こらない．また，ゾーン中心付近では自由電子の群速度に近づくことがわかる．

---

**例題 6.1 (群速度（波動関数の包絡線の移動速度）)**　波数 $k_0$ を中心とする波束の群速度（波動関数の包絡線の移動速度）は分散曲線の傾き $(\mathrm{d}E/\mathrm{d}k)_{k_0}/\hbar$ で与えられることを導け．

---

**[解]** 波動関数 $\psi(x,t)$ の角振動数 $\omega = E/\hbar$ を，$\omega_0 = \omega(k_0)$ として，$k_0$ のまわりで次のように展開する．

$$\omega = \omega_0 + \left.\frac{\mathrm{d}\omega}{\mathrm{d}k}\right|_{k_0} q = \omega_0 + v_0 q$$

$q$ は微小波数，$v_0 = (\mathrm{d}E/\mathrm{d}k)_{k_0}/\hbar$ である．

$\psi(x,t)$ の波数が，図 6.14 (a) のように $k_0$ を中心とする狭い範囲の関数 $F(q)$ で分布しているとすると，$\psi$ は $F(q)$ の重ね合わせとして，

$$\psi(x,t) = \int_{-\infty}^{\infty} F(q) e^{i(k_0+q)x - i(\omega_0 + v_0 q)t}\, \mathrm{d}q$$

$$= e^{i(k_0 x - \omega_0 t)} \int_{-\infty}^{\infty} F(q) e^{iq(x - v_0 t)}\, \mathrm{d}q = e^{i(k_0 x - \omega_0 t)} f(x - v_0 t)$$

のように表される．$f(x - v_0 t)$ は，$F(q)$ をフーリエ変換したものである．上式は波数 $k_0$ の波の包絡線 $f(x)$ が速度 $v_0$ で $x$ 方向に進んでいくことを示す（図 6.14 (b)）．すなわち，波束は全体として群速度 $v_0 = (\mathrm{d}E/\mathrm{d}k)_{k_0}/\hbar$ で移動することがわかる．

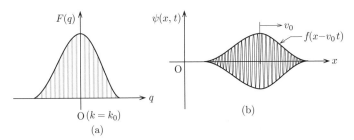

**図 6.14**　(a) $k_0$ を中心として波数が関数 $F(q)$ で分布する波束．(b) $F(q)$ を重ね合わせると，速度 $v_0 = (\mathrm{d}E/\mathrm{d}k)_{k_0}/\hbar$ で移動する包絡線 $f(x)$ をもつ波動関数 $\psi(x,t)$ となる．

## 6.4.2 有効質量

結晶内の電子の波束に一定の外力 $F$ が働いていて，波束が $\mathrm{d}x$ だけ移動した
ときに仕事 $\mathrm{d}E = F\,\mathrm{d}x$ をしたとする．このときの波束のもつエネルギーの時
間変化は

$$\frac{\mathrm{d}E}{\mathrm{d}t} = \frac{\mathrm{d}E}{\mathrm{d}k}\frac{\mathrm{d}k}{\mathrm{d}t} = \frac{\mathrm{d}E}{\mathrm{d}x}\frac{\mathrm{d}x}{\mathrm{d}t} = F\frac{\mathrm{d}x}{\mathrm{d}t} = Fv_g = F\frac{1}{\hbar}\frac{\mathrm{d}E}{\mathrm{d}k} \tag{6.45}$$

と表される．上の第2式と最終式を比較することにより，波数 $k$ の運動方程式

$$\hbar\frac{\mathrm{d}k}{\mathrm{d}t} = F \tag{6.46}$$

が得られる．この式は古典粒子の運動方程式に相当し，$\hbar k$ を結晶運動量とよぶ．

ここで，波束の群速度 $v_g$ を時間で微分して，波束の平均的な加速度 $a$ を求
める．

$$a = \frac{\mathrm{d}v_g}{\mathrm{d}t} = \frac{1}{\hbar}\frac{\mathrm{d}}{\mathrm{d}t}\frac{\mathrm{d}E}{\mathrm{d}k} = \frac{1}{\hbar}\frac{\mathrm{d}^2 E}{\mathrm{d}k^2}\frac{\mathrm{d}k}{\mathrm{d}t} \tag{6.47}$$

上式に式 (6.46) を代入すると，

$$a = \frac{1}{\hbar^2}\frac{\mathrm{d}^2 E}{\mathrm{d}k^2}F \tag{6.48}$$

となる．古典粒子との類推 $(a = F/m)$ により，波束の質量にあたる有効質量，

$$m^* = \hbar^2 \left(\frac{\mathrm{d}^2 E}{\mathrm{d}k^2}\right)^{-1} \tag{6.49}$$

が定義できる．$m^*$ は分散曲線の曲率 $(\propto \mathrm{d}^2 E/\mathrm{d}k^2)$ に反比例して変化するこ
とがわかる．図 6.15 に，図 6.5 の分散曲線 $E_1$ から求めた有効質量を示す．縦

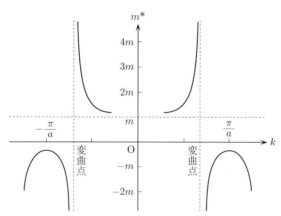

**図 6.15** 図 6.5 中の $E_1$ バンドの有効質量（ブリュアンゾーンの $-k$ 側も表示してある）．縦軸
は電子の質量 $m$ を単位としている．

軸は電子の質量 $m$ を単位としてある．ブリュアンゾーン中心では，$m^*$ は $m$ に近い値となり，この付近では電子は自由電子とみなせることがわかる．バンドの上下端など，電子の分散曲線が 2 次曲線で近似できるとき（曲率がほぼ一定のとき），$m^*$ を定数とみなして自由電子と同じように，

$$E = E_0 + \frac{\hbar^2 k^2}{2m^*} \tag{6.50}$$

と表すことができる．$E_0$ はバンド上下端のエネルギーである．

また，変曲点を境に $m^*$ の符号は反転しブリュアンゾーン端では負の有効質量となる．負の質量というのは加えられた外力とは逆方向に加速度が発生することである．外場が加わり波数 $k$ がブリュアンゾーン端に向かってシフトすると，ブラッグ反射によって逆方向へ進む波数（反射波）が増加し，その結果，波束としては減速し定在波に近づくと解釈することができる．

---

**例題 6.2（自由電子の群速度と有効質量）** 波数 $k$ をもつ自由電子の群速度 $v_g$ および有効質量 $m^*$ を求め，$m^*$ は質量 $m$ に一致することを確かめよ．

---

[解] 自由電子のエネルギーは $E = \hbar^2 k^2 / 2m$ で与えられるので，群速度は，

$$v_g = \frac{1}{\hbar} \frac{\mathrm{d}E}{\mathrm{d}k} = \frac{\hbar}{2m} \frac{\mathrm{d}k^2}{\mathrm{d}k} = \frac{\hbar k}{m}$$

となる．また，有効質量 $m^*$ は，

$$m^* = \hbar^2 \left( \frac{\mathrm{d}^2 E}{\mathrm{d}k^2} \right)^{-1} = \hbar^2 \frac{2m}{\hbar^2} \left( \frac{\mathrm{d}^2 k^2}{\mathrm{d}k^2} \right)^{-1} = m$$

となり，電子の質量 $m$ と一致する．

## 6.5　一定電場による波束の運動と電気伝導

### 6.5.1　パウリの原理と占有準位

自由電子に結晶の大きさ $L = Na$ の周期的境界条件を適用したブロッホ波を考える．波数 $k$ は離散値（$k = 2n\pi/L$, $n = $ 整数）となり，対応する分散曲線も離散的な準位 $E$ となる．

$$E = \frac{\hbar^2 k^2}{2m} = \frac{\hbar^2}{2m} \frac{2\pi}{L^2} n^2. \tag{6.51}$$

パウリの原理により1つのエネルギー準位にはスピンの異なる2電子しか占有できないので，離散的な準位にエネルギーの低い方から電子が詰まっていったとき，どこまで詰まるかは固体中の電子の総数で決まる．たとえば，1原子あたり1個の電子，1個の結晶あたり $N$ 個の電子があるとすると，1つの $E$ には $\pm k$ の2準位があり，それぞれに2スピン，計4電子が詰まるから，図6.16のように，$E_{\mathrm{F}} = \dfrac{\hbar^2}{2m}(k_{\mathrm{F}})^2 =$

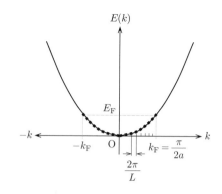

**図 6.16** 周期的境界条件を導入した自由電子の占有準位．横軸 $k$ は $2\pi/L$ の間隔の離散値をとり，1原子あたり1個の電子がある場合，$\pm k_{\mathrm{F}} = \pm\pi/(2a)$ の準位まで電子が詰まる．

$\dfrac{\hbar^2}{2m}\left(\dfrac{2\pi}{L}\dfrac{N}{4}\right)^2 = \dfrac{\hbar^2}{2m}\left(\dfrac{\pi}{2a}\right)^2$ の準位まで電子が詰まる．以下で明らかになるように電子がエネルギー準位のどこまで詰まるかが固体の物性に大きく関係する．電子がどの準位まで詰まるかの目安として，電子の占有確率が1/2のなるエネルギーが用いられる．これをフェルミ準位とよぶ．

### 6.5.2 金属の電気伝導

はじめに図6.17(a)のように，電子がバンドの途中まで詰まっている状態（フェルミ準位がバンド中にある状態）で，電場がない場合を考える．分散曲

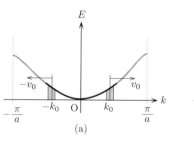

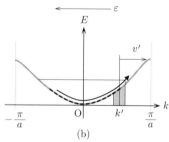

(a)　　　　　　　　　　(b)

**図 6.17** 電子が途中まで詰まっているバンド（金属）．(a) 電場のない状態，(b) $-k$ 方向に電場 $\varepsilon$ が加わっている場合．

線は原点対称 ($E(k) = E(-k)$) で，電子は対称に詰まっているとする．ある波数 $+k_0$ と $-k_0$ の波束の運動を考えると，これらの波束は互いに反対方向の群速度 $\pm v_0$ で運動している．したがって，全体として電子は移動していないとみなすことができる．

　ここで，$-k$ 方向へ電場 $\varepsilon$ を加える．電子には $F = -e(-\varepsilon) = e\varepsilon$ の力が加わるので，運動量の方程式は，

$$\hbar \frac{\mathrm{d}k}{\mathrm{d}t} = e\varepsilon \tag{6.52}$$

と書ける．$k$ は一定の大きさで増加するから，初期値を $k_0$ とすると，

$$k = k_0 + \frac{e\varepsilon}{\hbar} t \tag{6.53}$$

のように + 方向へシフトしていく．このとき，$+k$ と $-k$ の電子の詰まり方に差異ができる（同図 (b)）．この差の部分の波束の移動を考えると全体で電子は $+k$ 方向へ移動しているとみなすことができる．これが $-k$ 方向への電流となる．

　以上は，金属結晶での電子の状態を表している．金属の特徴は，電子がバンドの途中まで詰まっていて（フェルミ準位がバンドの途中にある），電場を加えたとき，電子がその方向へ移動できる準位（その方向の波数をもつ準位）に空きがあることにある．

### 6.5.3　絶縁体と半導体

　図 6.18 (a) のように，電子があるバンドまで完全に詰まった状態を考える（フェルミ準位はバンドギャップ中にある）．この状態へ $-k$ 方向に電場 $\varepsilon$ を加える．波数 $k$ が増加し，一見ブリュアンゾーン端 ($\pi/a$) を超えて全体が $+k$ 方向にシフトするようにみえる．しかしながら先に説明したように，波数空間は $2\pi/a$ の任意性があるで，ゾーン端を超えた部分は，反対端の $-\pi/a$ から現れるとみなすことができる．したがって，全体としては電子の状態に変化がない（同図 (b)）．すなわち，電子があるバンドに完全に詰まっている状態では電流は流れないことになる．このようにバンドが完全に満たされた状態にあり，電場を加えても電子の状態の変化しない物質を絶縁体という．

　次に図 6.19 (a) を考える．図 6.18 (a) と同じように電子があるバンドまで完

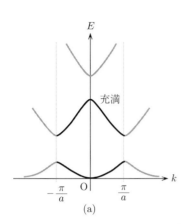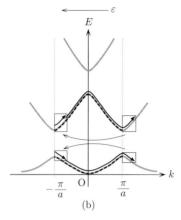

**図 6.18** 電子が完全に詰まっているバンド（絶縁体）．(a) 電場のない状態，(b) $-k$ 方向に電場 $\varepsilon$ が加わっている場合．電子は実質的に移動しない．

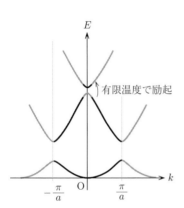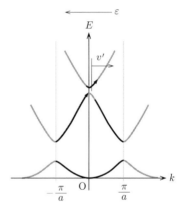

**図 6.19** 完全に詰まっているバンドから有限温度で上のバンドへ電子が励起されている状態（半導体）．(a) 電場のない状態，(b) $-k$ 方向に電場 $\varepsilon$ が加わると $+k$ 方向へ電子は移動する．

全に詰まっているが，空いている上のバンドとのエネルギーギャップがせまく，常温程度の温度でも熱エネルギーによって，一部の電子が上のバンドへ励起されているとする．上に励起された電子は，前節で述べた金属と同じ状態になり，電場 $\varepsilon$ を加えると，その方向にシフトし電流が流れる．また，下のバンド上端には電子の空いた状態（ホール）ができる．ここでも電場を加えると電子の詰まり方に差ができるので，全体として電子は移動して電場方向に電流が流れる（図 6.19 (b)）．

　このように，本来はバンドが完全に詰まっているが，常温でも熱エネルギーなどで一部の電子が上のバンドへ励起している物質を半導体という．なお，半導体ではバンド上端の電子の空いた部分を，負電荷の不足した部分すなわち正電荷（ホール）の波束として扱うことがある．

---

### 演習問題 6

*1.* 電子のエネルギー分散曲線（バンド）$E_k$ が次式で与えられる系がある．

$$E_k = -A - B \cos ka$$

$a$ は結晶の周期，$A, B$ は正定数である．群速度 $v_g$ および有効質量 $m^*$ を計算し，第1ブリュアンゾーンとその近傍での $v_g, m^*$ の概略図を描け．

*2.* エネルギー $E$ にある状態に電子が存在する確率 $f(E)$ は，フェルミ・ディラック分布

$$f(E) = \frac{1}{1 + e^{(E-E_\mathrm{F})/kT}}$$

で与えられる．$E_\mathrm{F}$ はフェルミ準位（確率が1/2なる準位）である．電子が詰まったバンドの上端を基準として空いたバンド下端の準位を $E_\mathrm{g}$ としたとき，Si 結晶（$E_\mathrm{g} = 1.11$ eV）について，常温 (300 K) で上のバンドに電子が励起される確率 $f(E_\mathrm{g})$ を示せ．ただし，$E_\mathrm{F} = E_\mathrm{g}/2$ とする．$k$ はボルツマン定数である．

# 第7章 〰️ 固体中の原子の結合と構造

　本章では，固体，特に結晶についての構造と電子状態について学ぶ．結晶のポテンシャルは，原子の作るポテンシャルを周期的に並べたものであるから，結晶中の電子状態は，バンド構造をもつとともに孤立原子中の準位（殻）やそれを占有する電子数を反映したものとなる．

　はじめに，金属結合・イオン結合・共有結合・ファンデルワールス結合の順に，結晶中での原子の結合と構造について説明し，最後に，半導体の応用例としてダイオードとトランジスタの原理について紹介する．

## 7.1　金属結合と金属結晶

### 7.1.1　金属結合

　水素分子では2個の電子がエネルギー的に低い結合性軌道準位にあり，その軌道は分子全体に広がっていた．金属結合はそれが結晶全体に広がったものと考えられる．

　典型的な金属元素は，Na, K, Cu, Ag, Au などの最外殻に s 電子が1個ある元素（1族元素・11族元素）である．これらの s 電子は軌道の広がりが大きくイオン化エネルギーが小さいので，近くに陽イオンがあると容易に元の原子から離れる．金属結晶では電子が構成原子（陽イオン）を渡り歩き，その軌道は結晶全体に広がっている．

　また，原子核の正電荷が遮蔽され原子核付近でのポテンシャルの変化がそれほど激しくないため，第6章で学んだ弱い周期ポテンシャル中での電子状態が

よい描像となる.

図 7.1 (a) に Na 金属結晶のバンド模式図を,同図 (b) に結晶中での 3s, 3p 電子軌道準位の広がりを示す.原子軌道の重なりが大きいためバンドの広がりが大きく,3s 電子バンドと 3p 電子バンドは重なり合い,ブリュアンゾーン端のギャップは生じない.全体としては自由電子(空格子ポテンシャル)に近いバンド構造をもつ.1 原子あたり 1 個の電子は 3s 電子バンドの途中まで詰まり,第 6 章で説明したとおり電場をかけるとその方向に電子が移動し電流が流れる.

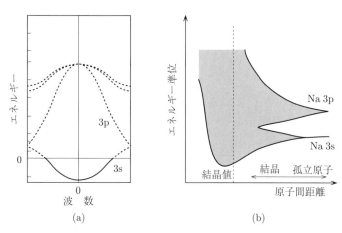

(a)                              (b)

**図 7.1**  金属結晶 (Na) のバンド模式図 (a) と結晶中での準位の広がり (b).図 (a) 中,バンド下部は 3s 電子バンドに,上部は 3p 電子バンドに相当する.横直線 ($E = 0$) はフェルミ準位を示し,占有準位は実線,空準位は破線で示してある.図 (b) の横軸は原子間距離を表し,破線が結晶値を表す.結晶中では 3s 電子準位と 3p 電子準位が重なり広いバンドを形成する.

### 7.1.2  金属結晶の構造

金属結晶では,s 電子が結晶全体に広がって原子どうしを結びつけている.s 電子の糊の中でイオン球がくっついている様子を想像するとよい.s 電子,イオン球とも球対称で結合に方向性はないので,結晶の構造はイオン球を密に並べたものになる.図 7.2 に典型的な金属結晶構造である,面心立方構造 (fcc 構造: face centered cubic structure) と体心立方構造 (bcc 構造: body centered cubic structure) を示す.その他に稠密六方構造 (hcp 構造:hexagonal closed packed structure) とよばれる構造もある(演習問題 7.1 参照).

fcc 結晶では立方体の各頂点と各面の中心(面心)に,bcc 結晶では立方体の

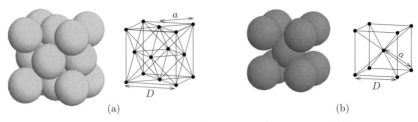

**図7.2** 典型的な金属の結晶構造. (a) fcc 結晶, (b) bcc 結晶

各頂点と中心（体心）に原子が存在する．fcc 結晶中の1つの原子のまわりには12個の原子（第1近接原子）が，bcc 結晶の場合は8個の原子があり，例題に示すように，fcc 結晶は bcc 結晶よりも高い原子密度をもつ．結合する原子数だけみると fcc 結晶の方が有利にみえるが，アルカリ金属元素など電子の軌道の広がりが大きい元素では一般に bcc 結晶となる傾向がある（演習問題 7.2 参照）．一方，金，銀，銅などの貴金属元素は fcc 結晶となる．

　以上に述べた s 電子の広がりによる結合を考えると，結晶性のよい純粋な金属は軟らかく圧延性に富むことがわかる．金属を硬くするためには，他の元素を混ぜて合金にしたり格子欠陥や歪みを入れることにより，原子を動きにくくさせる必要がある．炭素鋼は鉄原子のすきまに炭素を加えることによって結晶を硬くしたもの，焼き入れは，高温で構造が乱れている状態から急激に冷却し結晶構造を乱れたまま固定することによって結晶を硬くしたものである．

---

**例題 7.1 (結晶の密度)**　(1) 図7.2に示す fcc 結晶，bcc 結晶および図7.8に示すダイヤモンド結晶それぞれの単位格子（立方体）に含まれる原子数 $N$ を計算せよ．ただし，立方体の頂点や面上にある原子については，立法体内に含まれる部分のみを考えるものとする．

(2) 原子間距離 $a$ の結晶を考える．fcc，bcc，ダイヤモンド各結晶の単位格子（立方体）の1辺の長さ $D$ および体積 $V$ をそれぞれ求めよ．

(3) (1), (2) の結果から，原子間距離 $a$ の fcc，bcc，ダイヤモンド各結晶の密度 $n$（単位体積あたりの原子数）を計算せよ．

---

[解]

　(1)　fcc 結晶：

立方体の頂点に 8 原子があり，立方体内にはその 1/8 が含まれる．また，面心に 6 原子があり，立方体内にはその 1/2 が含まれる．したがって，立方体に含まれる原子数 $N$ は

$$N = 8/8 + 6/2 = 4$$

となる．

bcc 結晶：

立方体の頂点に 8 原子があり，立方体内にはその 1/8 が含まれる．また，体心に 1 原子がある．したがって，立方体に含まれる原子数 $N$ は

$$N = 8/8 + 1/1 = 2$$

となる．

ダイヤモンド結晶：

fcc 格子の 4 原子および立方体内に 4 原子がある．したがって，立方体に含まれる原子数 $N$ は 8 となる．

(2) fcc 結晶：
$$D = 2a/\sqrt{2} = \sqrt{2}a, \qquad V = D^3 = 2^{3/2}a^3$$

bcc 結晶：
$$D = 2a/\sqrt{3}, \qquad V = D^3 = 8/3^{3/2}a^3$$

ダイヤモンド結晶：

正 4 面体（1 辺の長さ $= 2a\sqrt{2/3}$）の 2 辺が立方体の対角線となる．
$$D = 4a/\sqrt{3}, \qquad V = D^3 = 64/3^{3/2}a^3$$

(3) fcc 結晶：
$$n = N/V = 4/V = 2^{1/2}a^{-3} = 1.41a^{-3}$$

bcc 結晶：
$$n = N/V = 2/V = 3^{3/2}/4a^{-3} = 1.30a^{-3}$$

ダイヤモンド結晶：
$$n = N/V = 8/V = 3^{3/2}/8a^{-3} = 0.65a^{-3}$$

bcc 結晶に比べて，fcc 結晶の方が 8 ％ ほど密度が大きい，すなわち原子が密に詰まっていることがわかる．また，ダイヤモンド結晶は fcc, bcc 結晶に比べて非常に疎であることがわかる．

# 7.2　イオン結合とイオン結晶

## 7.2.1　イオン結合

　陽イオンと陰イオンがクーロン力によって結び付くことをイオン結合といい，その結果できた結晶をイオン結晶という．陽イオンになりやすい 1 族（I族）元素（アルカリ金属元素）や 2 族（II族）元素（アルカリ土類金属元素）

と，陰イオンになりやすい 17 族（VII 族）元素（ハロゲン元素）や 16 族（VI 族）とが結合したものが典型的なイオン結合物質である．NaCl（塩化ナトリウム）や MgO（酸化マグネシウム）などが例として挙げられる．

塩化ナトリウムを例にして説明する（図 7.3）．Na を $Na^+$ にするイオン化エネルギー（$E_I = 5.14\,eV$）と，Cl が $Cl^-$ になるときの電子親和度（$E_A = 3.61\,eV$）を比較すると，Na, Cl をイオン化させるには差し引き 1.5 eV 程度のエネルギーが必要となる．一方，陽イオンと陰イオンを無限遠から原子間距離（$R = 2.36\,\text{Å}$）まで近づけると，静電エネルギー $E_R = -e^2/4\pi\varepsilon_0 R = -9.77 \times 10^{-19}\,\text{J} = -6.10\,eV$ が得られる．これらを加えると，Na と Cl とがイオン結合によって NaCl 分子になったとき，

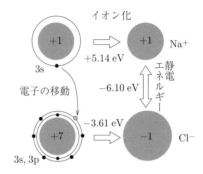

図 7.3　Na, Cl のイオン結合．イオン化エネルギーと電子親和度の差および静電エネルギーの総和が負になることから結合が生じる．電子の授受により，中性原子に比べて，陽イオンの半径は小さく，陰イオンの半径は大きくなる．

$-E_I + E_A - E_R \sim 4.6\,eV$ 程度のエネルギーが得られる．これがイオンどうしを結びつける結合エネルギーに相当する．結晶では陽イオンの周辺に複数の陰イオンが配置するためさらに大きな結合エネルギーが得られる．

NaCl のように 1 族と 17 族の単原子イオンが結合する結晶の場合，電子の授受により各イオンの電子軌道は閉殻となる．図 7.4 (a) のように，イオン結晶のバンドは，負イオンの電子で満たされた p 電子バンドと，陽イオンの空いた s 電子バンドからなる．電子軌道の重なりが小さいため，バンドの分散が小さく，各イオンが孤立した状態に近いものとなる（同図 (b)）．

p 電子バンドはバンド上端まで完全に電子で満たされているため電場をかけても電気伝導は起こらない．また，バンドギャップが 10 eV 程度あるため，可視光程度の波長の光では電子を下のバンドから上のバンドへ励起することができない．そのため多くのイオン結晶では可視光が透過し透明となる．

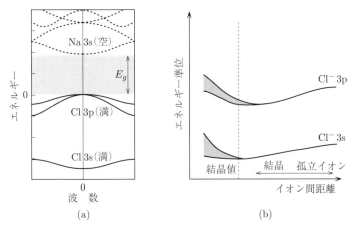

(a)　　　　　　　　　　　(b)

**図 7.4** イオン結晶 (NaCl) のバンド模式図 (a) と結晶中での準位の広がり (b). バンド図 (a) 下部の実線は $Cl^-$ イオンの 3s, 3p 電子バンドに, 上部の破線は $Na^+$ イオンの 3s 電子バンドに相当する. 3p 電子バンドは電子で完全に満たされているために電気伝導は起こらない. 軌道どうしの重なり合いが小さいため, 図 (b) 破線上の状態のように結晶中でも準位の広がりは小さい.

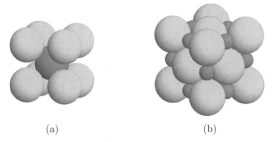

(a)　　　　　　　　　　　(b)

**図 7.5** イオン結晶の構造：(a) CsCl 構造（陰イオン半径と陽イオン半径が同程度の場合）, (b) NaCl 構造（陰イオン半径 が陽イオン半径よりずっと大きい場合）.

## 7.2.2 イオン結晶の構造

　イオン結晶では, 陽イオンと陰イオンが全体として中性を保ちつつ静電エネルギーをかせぐように交互に並び, 典型的な結晶構造は陽イオン球と陰イオン球とを密に並べたものとなる. イオン化による電子の減少・増加にともない, 中性原子に比べて陽イオンの半径は小さく, 陰イオンの半径は大きくなる. CsCl のように陽イオン半径 ($Cs^+$ : 1.72 Å) と陰イオン半径 ($Cl^-$ : 1.81 Å) がほぼ等しい場合は, 立方体の中心に陽（陰）イオン, 頂点に陰（陽）イオンを配置した構造（CsCl 構造）になる（図 7.5 (a)）. NaCl のように陽イオン半径

($Na^+$:1.00 Å) が陰イオン半径に比べてずっと小さい場合は，陰イオンの面心立方構造のすきま（体心および稜心）に陽イオンを配置した NaCl 構造（岩塩構造）となる（同図 (b)）．いずれにしても最近接には異種のイオンが配置される．

## 7.3　共有結合とグラファイト構造・ダイヤモンド構造

　水素原子どうしの結合は，2つの 1s 電子が（スピン対を作って）エネルギー的に低い結合性軌道に入ることで得られる．すなわち，2つの原子からでた電子が1つの軌道を共有することにより原子間の結合が得られる．これを共有結合といい，2つの原子は結合性軌道で結び付いている．これは原子間でほとんど電子軌道の重なり合いのない前節のイオン結合とは対照的である．また，金属結合では共有する電子軌道が結晶全体に広がっているのに対し，共有結合では共有する軌道がある原子付近に局在している．

　水素分子の共有結合は分子内で閉じている．閉殻構造をもつ分子どうしが共有結合によって結晶を作ることはないが，価電子数が 4 前後の元素（14 族元素など），とりわけ $C(2s^2 2p^2)$ や $Si(3s^2 3p^2)$ は，1個の原子から複数の結合性軌道が伸びて，まわりの原子と共有結合のネットワークを形成して結晶を形成する．共有結合の軌道やそれによりできる結晶構造は以下に述べる混成軌道の概念により定性的に理解することができる．

### 7.3.1　混成軌道

　C 原子は孤立した状態では $2s^2 2p^2$ のように s 電子，p 電子が各 2 個ずつある状態がエネルギー的に最低の状態である．これはあくまでも孤立原子の場合であり，まわりに結合する原子があると状態が変わり，C 原子の結合は，s 電子軌道と p 電子軌道とが $1 : n$ の割合で構成する $sp^n$ 混成軌道とよばれる直感的結合軌道が実際の結合状態をよく表すことが知れられている．

#### sp 混成軌道

　たとえば，C 原子 2 個が $x$ 軸上で近づくとする．このとき等方的な孤立原子の軌道のままでいるよりは，2つの原子が作るポテンシャルが深くなる互いの結合方向へ軌道を伸ばした方がエネルギー的に有利になる．このような軌道

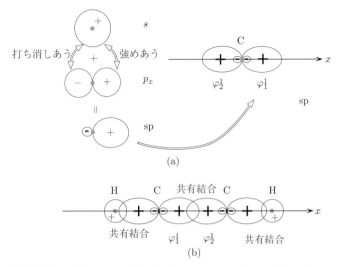

図 **7.6** (a) C 原子の sp 混成軌道，(b) アセチレン分子中の sp 混成軌道．アセチレンの各 C 原子は図に示す混成軌道以外に 2 個の p 電子軌道 ($p_y$, $p_z$) で結合している．

は，s 電子軌道 $s$ と p 電子軌道 $p_x$ の重ね合わせで表現することができる．すなわち，方向性のない $s$ と $\pm x$ 方向で符号の異なる $p_x$ を足し合わせ，

$$\varphi_1^1 = \frac{1}{\sqrt{2}}(s + p_x) \tag{7.1}$$

という軌道を作る（図 7.6 (a)）．$s$ と $p_x$ は $+x$ 方向では強めあい $-x$ 方向では打ち消しあうので，$\varphi_1^1$ は $+x$ 方向に伸びた軌道となる．反対に

$$\varphi_2^1 = \frac{1}{\sqrt{2}}(s - p_x) \tag{7.2}$$

という軌道を作ると $-x$ 方向に伸びた軌道となる．これらの軌道は s 電子と p 電子が 1 : 1 の割合で混ざっているので sp 混成軌道とよばれる．因子 $1/\sqrt{2}$ は規格化定数である．同図 (b) のようなアセチレンの C 原子は，$\varphi_1^1$ と $\varphi_2^1$ の結合性軌道を共有することにより安定になる．

ところで，sp 混成軌道の $\varphi_1^1$ と $\varphi_2^1$ は，ある原子中でどちらか片方だけでなく必ず 2 つの軌道とも存在する．それは 1 つの系での電子軌道は互いに独立で直交していなければならないからである．混成軌道を形成した場合は，残りの原子軌道もこれと直交するような軌道となる．sp 混成軌道では，1 個の原子からは直交する 2 本の軌道が直線状に出ることになり，共有結合の相手が 2 つ必要となる．

アセチレン分子 $C_2H_2$ では C 原子間の結合の反対側では H 原子と結合していて 4 原子が直線状に並んでいる（図 7.6 (b)）．直線状の結晶というのは考えにくいが，原子数が 10 個以下の炭素ナノ粒子では，sp 混成軌道による直鎖状粒子 $C_n (n < 10)$ が観測されている．

## $sp^2$ 混成軌道

共有性結合の軌道が 3 方向に伸びて C 原子どうしが結合したものがグラファイト（グラフェン）である．1 つの C 原子は同一平面上に $120°$ の角度で並んだ 3 つの C 原子と結合している．これらの軌道は，s 電子軌道 1，p 電子軌道 2 の比をもつ互いに直交する軌道で表すことができ，$sp^2$ 混成軌道とよばれる（図 7.7 (a)）．

$$\varphi_1^2 = (s + \sqrt{2}p_x)/\sqrt{3} \tag{7.3}$$

$$\varphi_2^2 = (\sqrt{2}s - p_x + \sqrt{3}p_y)/\sqrt{6} \tag{7.4}$$

$$\varphi_3^2 = (\sqrt{2}s - p_x - \sqrt{3}p_y)/\sqrt{6} \tag{7.5}$$

$sp^2$ 混成軌道はハチの巣状（正 6 角形）の平面的な強いネットワークを形成する（同図 (b)）．グラファイトはハチの巣状の平面どうしが後述するファンデルワールス結合で緩やかに結び付いたもので，柔軟で強靭なシートとなる（同図 (c)）．グラファイトシートを丸めるとしなやかで丈夫な棒状・ワイヤー状の材質となり，釣竿やつり橋のワイヤーなどに利用される．またグラファイトシートを加工し，軽量で堅固なレーシングカーのボディ（カーボンモノコックボディ）も作られている．

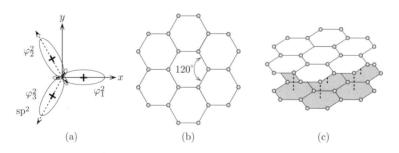

図 **7.7**　(a) $sp^2$ 混成軌道，(b) グラファイト構造，(c) 実際のグラファイトはハチの巣シートが層状に重なっている．

## sp$^3$ 混成軌道

s 電子軌道と 3 つの p 電子軌道をそれぞれ同じ割合で混成させると 4 つの sp$^3$ 混成軌道ができる.

$$\varphi_1^3 = (s + p_x + p_y + p_z)/2 \tag{7.6}$$

$$\varphi_2^3 = (s + p_x - p_y - p_z)/2 \tag{7.7}$$

$$\varphi_3^3 = (s - p_x + p_y - p_z)/2 \tag{7.8}$$

$$\varphi_4^3 = (s - p_x - p_y + p_z)/2 \tag{7.9}$$

sp$^3$ 混成軌道は互いに 109.47° $(2\cos^{-1}(1/\sqrt{3}))$ の方向を向き,軌道の先端が正 4 面体を形成する(図 7.8 (a)).sp$^3$ 混成軌道をもつ C 原子が結合したものがダイヤモンドである.この構造をダイヤモンド構造とよび Si や Ge 結晶もこの構造となる.ダイヤモンド構造の結晶は,結合力が強く結合に方向性があるため一般に堅固なものになる.

また,GaAs, ZnSe などの 13-15 族(III-V 族:s$^2$p$^1$-s$^2$p$^3$),12-16 族(II-VI 族:s$^2$p$^0$-s$^2$p$^4$)の元素が結合した結晶もダイヤモンド構造と同じ正 4 面体を単位とする構造になる.この構造は閃亜鉛構造とよばれ,正 4 面体の頂点と中心とが異なる元素となり.14-14 族,13-15 族,12-16 族結晶の順で次第に共有結合性からイオン結合性へ変化していく.

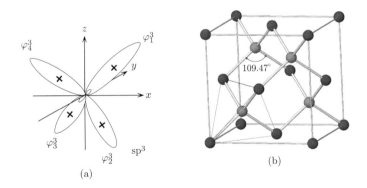

**図 7.8** (a) sp$^3$ 混成軌道,(b) ダイヤモンド構造.正 4 面体の中心にある原子が異種元素になると閃亜鉛構造となる.

例題 **7.2 (混成軌道の規格直交性)**　sp, sp$^2$, sp$^3$ 混成軌道の各軌道について，それぞれ規格直交性が成り立っていることを確かめよ．ただし，各原子軌道について，$\int s^* s \, \mathrm{d}v = 1$, $\int p_i^* p_j \, \mathrm{d}v = \delta_{ij}$, $\int s^* p_i \, \mathrm{d}v = 0$ が成り立っているものとする $(i, j = x, y, z)$．

**[解]** 各混成軌道について 2, 3 の例を示す．残りも同様に計算できる．なお，原子軌道はすべて実関数であるとする．

**sp :**

$$\int (\varphi_1^1)^2 \, \mathrm{d}v = \frac{1}{2} \int (s^2 + 2sp_x + p_x{}^2) \, \mathrm{d}v = \frac{1}{2}(1+1) = 1$$

$$\int \varphi_1^1 \varphi_2^1 \, \mathrm{d}v = \frac{1}{2} \int (s^2 - p_x{}^2) \, \mathrm{d}v = \frac{1}{2}(1-1) = 0$$

**sp$^2$ :**

$$\int (\varphi_1^2)^2 \, \mathrm{d}v = \frac{1}{3} \int (s^2 + 2\sqrt{2}sp_x + 2p_x{}^2) \, \mathrm{d}v = \frac{1}{3}(1+2) = 1$$

$$\int (\varphi_2^2)^2 \, \mathrm{d}v = \frac{1}{6} \int (2s^2 + p_x{}^2 + 3p_y{}^2) \, \mathrm{d}v = \frac{1}{6}(2+1+3) = 1$$

$$\int \varphi_2^2 \varphi_3^2 \, \mathrm{d}v = \frac{1}{6} \int (2s^2 + p_x{}^2 - 3p_y{}^2) \, \mathrm{d}v = \frac{1}{6}(2+1-3) = 0$$

**sp$^3$ :**

$$\int (\varphi_1^3)^2 \, \mathrm{d}v = \frac{1}{4} \int (s^2 + p_x{}^2 + p_y{}^2 + p_z{}^2) \, \mathrm{d}v = \frac{1}{4}(1+1+1+1) = 1$$

$$\int \varphi_1^3 \varphi_2^3 \, \mathrm{d}v = \frac{1}{4} \int (s^2 + p_x{}^2 - p_y{}^2 - p_z{}^2) \, \mathrm{d}v = \frac{1}{6}(1+1-1-1) = 0.$$

### 7.3.2　半導体のバンド構造

　Si, Ge, GaAs などの sp$^3$ ダイヤモンド構造（閃亜鉛構造）をとる半導体は，各原子から伸びる 4 本の sp$^3$ 混成軌道に 4 個の価電子が収まるため，結合性軌道は完全に電子に占有され，反結合性軌道は空となる（図 7.9 (a)）．同図 (b) に示すように原子間距離が近づくにつれて s 電子準位と p 電子準位の重なったバンドから，sp$^3$ 混成軌道の結合性バンドと反結合性バンドの 2 バンドに分かれた状態となる．第 6 章で説明したように半導体は 0 K では絶縁体である．バンドギャップは C (2sp$^3$ : 5.47 eV), Si (3sp$^3$ : 1.12 eV), Ge (4sp$^3$ : 0.67 eV) と周期表を下がるに連れて小さくなる．すなわち，同図 (b) の右よりのバンド構造となり金属的な性格が強くなる．Si, Ge では常温でも熱励起により電子が上部バンドへ励起され，わずかに電流が流れる．ダイヤモンド (C) はバンド

ギャップが大きく常温 (300 K) でも絶縁体となる．また，可視光のエネルギー (2〜3 eV) よりもギャップが大きいため可視光は透過して透明となる．

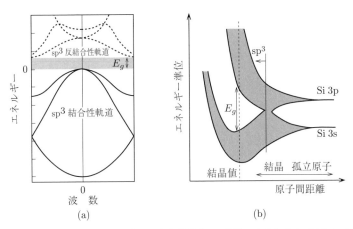

(a)　　　　　　　　　(b)

**図 7.9**　半導体結晶 (Si) のバンド模式図 (a) と結晶中での準位の広がり (b)．図 (a) の下部バンドは sp$^3$ 混成軌道の結合性軌道に，上部は反結合性軌道に相当する．各原子の 4 電子が結合性バンドの上端まで詰まる．Si の 3s, 3p 電子軌道は図 (b) のように，ある原子間距離より近づくと sp$^3$ 混成軌道を形成する．

### 7.3.3　フラーレンとナノチューブ

　前項で，sp$^2$ 混成軌道の 6 角形からできるグラファイトは強靭な上に柔軟性をもつシート状の物質であることを述べた．グラファイトは元来平面だが，6 員環のネットワークの中に 5 員環を混ぜたり，ネットワーク全体をくるっと丸めたりすると，図 7.10 のような閉じた曲面を構成する．ネットワークに曲率をもたせることは，平面的な sp$^2$ 混成軌道に立体的な sp$^3$ 混成軌道の成分を含ませることに相当する．このような曲面は，大きな系（無限系）ではエネルギー損失が大きく実現が不可能だが，ナノサイズ（$10^{-9}$ m 程度）の有限系では実現できることが明らかになった．これがフラーレンやナノチューブとよばれるものである．典型的なフラーレンはサッカーボール型の C$_{60}$（図 7.10 (a)）で，sp$^2$ 混成軌道が作る正 6 角形が正 5 角形を中心にして並んだ構造になっている．これらの系はグラファイトがもっている物理的化学的な安定性に加え中空構造なため，内部に金属など別の元素を封入することにより新たな性質をもつ物質

が作りだされることが期待される．ナノサイズの微小素子や微小導線としての応用を目指した研究が進められている．

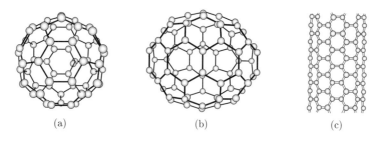

**図 7.10**　フラーレン (a) $C_{60}$, (b) $C_{70}$ と，(c) カーボンナノチューブ．

## 7.4　ファンデルワールス結合

　He, Ne などの希ガス元素（18 族元素）は単体できわめて安定な元素である．電子軌道が閉殻構造で他の原子と軌道どうしが重なり合うことはない．また，イオン化ポテンシャルが大きく小さなエネルギーではイオンにはならない．このため，希ガス元素どうしが共有結合やイオン結合で結晶を構成することはないが，互いに近づくと波動関数のゆらぎにより弱い結合が生じる．これをファンデルワールス結合という．原子どうしが近づいたとき，原子核を中心とする球対称電子軌道の分布がずれて陽イオン-電子による電気双極子が生じ，この電気双極子は電荷分布のゆり戻しにより時間的に振動する．電磁気学によって，振動する電気双極子の相互作用は原子間距離 $a$ の 6 乗に反比例 ($\sim a^{-6}$) するポテンシャルを生じることがわかっている．このポテンシャルがファンデルワールス結合を引き起こす．

　希ガス元素は，ファンデルワールス結合により低温では fcc 構造などの原子球を密に並べた結晶を構成する．グラファイト（黒鉛）はハチの巣状のシートがファンデルワールス結合により層状に重なったものである．また，安定な分子どうしもファンデルワールス結合により結晶を作ることがある．先に述べたフラーレン $C_{60}$ も，$C_{60}$ を 1 つの単位とした fcc 結晶を作る．

## 7.5　半導体とトランジスタ

　先に述べたとおり，17族（IV族）元素のう
ち，Si, Geなど半導体とよばれる物質は，バン
ドギャップ（Si : 1.12 eV, Ge : 0.67 eV）が狭
いため，常温程度の熱エネルギーで下のバンド
にある電子が励起される．ここでは，節6.4で
説明した波束の概念を用いて電子を粒子として
扱い，半導体中での電気伝導を説明する．

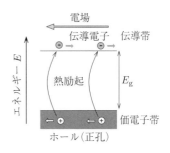

**図7.11**　半導体のキャリア

　図7.11は電子で満たされたバンドと空いた
バンドおよびバンドギャップを模式的に表した
ものである．電子の詰まった下のバンドを価電
子帯，空いた上のバンドを伝導帯とよぶ．伝導帯に励起された電子を伝導電子
といい，n型（負）のキャリア（電荷を運ぶもの）となる．また，電子が励起さ
れた跡に残った孔は正電荷をもち，ここに近傍の電子が入ることにより孔の位
置が移動する．これは正電荷が移動することと同じであり，正孔（ホール）と
いうp型（正）のキャリアとなる．半導体ではこれらのキャリアにより電場を
加えると電流が流れるが，キャリア密度は常温で金属の電子密度より10桁程
度低く，このままでは伝導性物質としての利用はできない．また，金属では，
温度が上昇すると熱振動により電気伝導度が下がるのに対し，半導体では，熱
励起によりキャリア密度が増えるため電気伝導度は上がり，金属とは逆の温度
特性を示す．

### 7.5.1　不純物半導体

　SiやGeなどの半導体結晶へ18族（V族）や16族（III族）元素を不純物
として加えた（ドープした）半導体を不純物半導体という．このうち，P（リ
ン）などV族元素を加えたものをn型半導体，B（ホウ素）などIII族元素を
加えたものをp型半導体という．

　図7.12 (a) のようなPを不純物とするn型半導体では，5個のPの価電子の
うち4つは価電子帯に入る．残りの1つは，伝導帯に入るべきものであるが，

Pイオン（正電荷）のまわりをまわる分エネルギーが低くなり，Siの伝導帯より少し下のギャップ中に局在した準位が現れる（同図(b)）．Pの場合，伝導帯とのエネルギー差 $E_d$ は 0.044 eV であり，この準位にある電子は常温でもほとんどすべて伝導帯に励起される．すなわち，Pは伝導電子（n型キャリア）の供給源（ドナー）となる．n型半導体では，大部分の電気伝導を担うのは励起された伝導電子であり，伝導電子をn型での多数キャリアとよぶ．

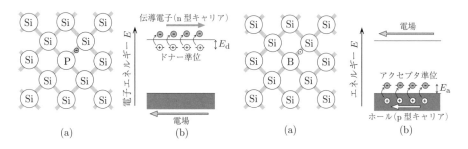

図 7.12　n型半導体　　　　図 7.13　p型半導体

一方，図7.13(a)のようなBを不純物とするp型半導体では，Bの価電子数が3のため，Bのまわりの $sp^3$ 混成軌道にはホールが1つできる．このホールの準位は，Bが3価の分だけSiの価電子帯より少し上のギャップ中に現れる（同図(b)）．Bの場合，バンドとのエネルギー差 $E_a$ は 0.045 eV であり，この準位には常温でも価電子帯から電子が簡単に励起される．すなわち，Bは電子を受け入れる受容体（アクセプター）となる．電子が励起されると残ったホールがp型のキャリアとなる．n型半導体とは逆に，p型ではホールが多数キャリアとなり，電気伝導の大部分を担う．このようにして，不純物をドープすることにより，n型もしくはp型のキャリア濃度を数桁以上上げることができ，半導体を導電物質として利用することが可能となる．

## 7.5.2 ダイオードとトランジスタ

### （a） pn 接合と整流作用

p 型半導体と n 型半導体を図 7.14 (a) の
ように接触させたものを pn 接合という．p
型と n 型ではキャリア濃度が異なるため接
合部付近ではキャリアが濃い方から薄い方
へ拡散する．すなわち，n 型から p 型へ多
数キャリアである電子が，p 型から n 型へ
はホールが拡散する．キャリアが拡散した
後には，同図 (b) のように，移動できない
不純物イオンのドナー（正電荷）とアクセ
プター（負電荷）が残るため，接合部の n
型側は正に，p 型側は負に帯電する．電子
に対して正に帯電した部分はエネルギーが
下がり，逆に負に帯電した部分は上がり，

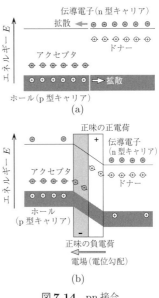

図 **7.14** pn 接合

接合部に電位勾配（エネルギーの格差）が生じる．電位勾配はキャリアの拡散
を停止する方向に作用し，平衡状態ではキャリアの拡散と電位勾配がバランス
して，キャリアの移動がとまる．

　pn 接合に，図 7.15 (a) のように n 側を正にして電圧（逆バイアス電圧）をか
けると，格差がさらに大きくなり，キャリアの移動がほとんど起こらず電流は
流れない．一方，同図 (b) のように p 側を正にして電圧（順バイアス電圧）を
かけると格差が小さくなり，伝導電子が p 側へ，ホールが n 側へ流れ電流とな
る．このように p 型半導体と n 型半導体を接触させると一方向のみに電流が流
れる整流作用が生じ，これを応用した素子を pn 接合ダイオードという．ダイ
オードは図 7.16 (a) のような記号で表され，n 型側はアノード（陽極），p 型
側はカソード（陰極）とよび，矢印の方向に順電流が流れる．

### （b） トランジスタのスイッチング作用

　トランジスタ（バイポーラトランジスタ）は，薄い p 型半導体を n 型半導体
ではさんだもの，もしくは，薄い n 型半導体を p 型半導体ではさんだもので

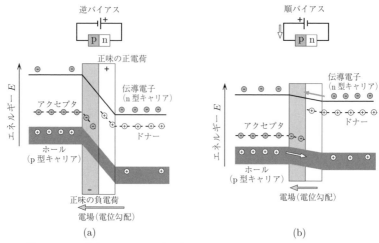

図 **7.15**　pn 接合ダイオードの整流作用.　(a) 逆バイアス,　(b) 順バイアス.

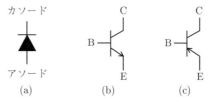

図 **7.16**　半導体素子の回路記号.　(a) ダイオード,　(b) NPN 型トランジスタ,　(c) PNP 型トランジスタ.　記号の矢印は順方向電流の向きを表す.

ある.　前者を NPN 型トランジスタ, 後者を PNP 型トランジスタとよび, 図 7.16 (b), (c) のような記号で表される.　真ん中の薄い部分はベース (B), 両側の部分はコレクタ (C) およびエミッタ (E) とよばれる.　トランジスタには, 増幅作用やスイッチング作用があるが, ここでは NPN 型トランジスタのスイッチング作用について説明する.

　図 7.17 (a) は, バイアスをかけない状態での npn 接合の様子を表す.　ダイオードの pn 接合と同じように, p 型である中央のベースの部分に両側の n 型から電子が流れ込んで, (電子からみた) エネルギーが高くなり, 堤防状のバリアができる.

　次に同図 (b) のように, エミッタを基準にして, コレクタに適当なバイアス電圧 (+V) が, ベースには, スイッチによってエミッタと同電位または +V が

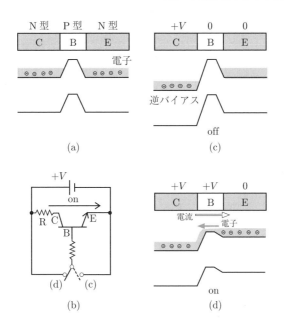

**図 7.17** NPN 型トランジスタのスイッチング作用. (a) バイアスのない状態, (b) スイッチング回路, (c) off（ベース電圧=0）, (d) on（ベース電圧 = +V）.

かかるような回路を組むとする. 点線 (c) のようにスイッチをベースがエミッタと同電位になるようにすると. コレクタはベースおよびエミッタに対してエネルギー的に低くなるが, コレクタ-ベース間はバリアが高い状態のままなので, 負荷 R には電流がほとんど流れない（同図 (c)）. 一方, スイッチを (d) にしてベース電圧を +V にすると, エミッタ-ベース間が順バイアス状態となり, エミッタからベースへ電子が流れ込む. ベースは薄くできているため, エミッタから流れ込んだ電子はほとんどそのままコレクタへ流れていく（同図 (d)）. こうして, コレクタ-エミッタ間は導通状態となり, 負荷 R に電流が流れる. このように, ベース電圧を 0→+V へ切り替えることにより, ベース部分の堤防の高さが変わり, 負荷に流れる電流を電気的に入り切りすることができる. トランジスタのこの作用をスイッチング作用といい, デジタルコンピュータの基本動作原理となっている（ただし, 現在のコンピュータはバイポーラトランジスタではなく, CMOS とよばれる別の種類の半導体が用いられている）.

─────────────── **演習問題 7** ───────────────

*1*. 右図は，稠密六方 (hcp : hexagonal closed pack) 構造とよばれる結晶構造で，Mg, Zn など多くの金属でみられる構造である．正 6 角形を底面とする正 6 角柱を構成し，底面の 3 原子とともに正 4 面体を構成する 3 原子を内部に含む．ただし，単位格子は正 6 角柱ではなく，点線で示す正三角形 2 つからなる菱形を底面とする四角柱である．例題 7.1 と同様に，hcp 構造の単位格子に含まれる原子数 $N$，単位格子の高さ $c$，体積 $V$ を求め，これらの値から密度 $n$ を求めよ．ただし，原子間距離を $a$ とする．

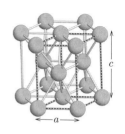

*2*. fcc 結晶，bcc 結晶それぞれについて，第 2 近接原子の数と距離を求めよ．ただし，第 1 近接原子間の距離を $a$ とする．金属結合を作る s 電子の平均軌道半径が大きいとき，fcc 結晶と bcc 結晶ではどちらが結合に有利か．

*3*. Si 結晶中にドナーとして P 原子がある．P 原子の 5 個目の価電子の軌道は，水素原子中の 1s 電子軌道で近似できる．ただし，Si 結晶中では比誘電率 $\varepsilon_r = 11.8$，有効質量 $m^* = m/3$（$m$ は電子の質量）とする．水素原子型のエネルギー準位 $E_n(n = 1)$ から，Si 結晶中の P 原子の不純物準位 $E_d$ $(< 0)$ を見積もれ．$E_d$ の値と常温 (300 K) での熱エネルギー $kT$ を比較し，常温程度でドナー準位から電子が十分励起されることを示せ．また，ボーア半径 $a$ に相当する，ドナー準位の電子軌道半径 $a_d$ を求めよ．

*4*. 多数キャリアがホールである PNP 型トランジスタのスイッチング作用の原理について，本文（NPN 型）を参考にして説明せよ．

# 演習問題の解答

## 第 1 章

**1.** 磁場の大きさ $B$, 粒子の電荷 $-e$ のとき, ローレンツ力は $-e\boldsymbol{v}\times\boldsymbol{B}$ で, 円の中心を向き, その大きさは $evB$ である. 一方, 半径 $r$, 速さ $v$ で円運動する質量 $m$ の粒子に働く遠心力は $mv^2/r$ である. この 2 つの力のつりあいの条件から, $r=mv/eB$ となる.

**2.** (a) 水分子 1 個の質量は $18.0\times10^{-3}\mathrm{kg}/6.02\times10^{23}\sim2.99\times10^{-26}\mathrm{kg}$ となり, 電子 1 個の質量 $9.11\times10^{-31}\mathrm{kg}$ の約 3 万倍となる.
(b) 水分子 1 個の体積は $18.0/(6.02\times10^{23})\sim3.0\times10^{-23}\mathrm{cm}^3$ となる.
(c) 気体分子 1 個の体積は $22.4\times10^3/(6.02\times10^{23})\sim3.7\times10^{-20}\mathrm{cm}^3$ となる.

**3.** 力のつりあいの式
$$6\pi\eta av=\frac{4\pi}{3}a^3\rho g$$
より
$$a=\sqrt{9\eta v/2\rho g}$$
と表される. これに $\rho=0.9\,\mathrm{g/cm}^3=900\,\mathrm{kg/m}^3$, $v=1\times10^{-2}/30=3.33\times10^{-4}$ m/s, $\eta=1.81\times10^{-5}$ Pa·s, $g=9.80$ m/s$^2$ を代入して, $a=1.74\times10^{-6}$ m となる.

## 第 2 章

**1.** $f(x)$ の逆変換
$$F(k)=\frac{1}{\sqrt{2\pi}}\int_{-\infty}^{\infty}f(x)\,e^{-ikx}\,\mathrm{d}x$$
に $f(x)$ を代入すると,
$$F(k)$$
$$=\frac{1}{\sqrt{2\pi}}\int_{-\infty}^{\infty}e^{\frac{-x^2}{a^2}}(\cos kx-i\sin kx)\mathrm{d}x$$
$$=\sqrt{\frac{2}{\pi}}\int_{0}^{\infty}e^{\frac{-x^2}{a^2}}\cos kx\,\mathrm{d}x$$
$$=\frac{a}{\sqrt{2}}e^{\frac{-a^2k^2}{4}}$$

を得る. $f(x)$, $F(k)$ の最高値の $1/e$ になる幅の半分を, それぞれの不確定性 $\Delta x$, $\Delta k$ とすれば,
$$\Delta x\cdot\Delta k=a\cdot\frac{2}{a}\sim2$$
を得る.

**2.** $E=h\nu=hc/\lambda=6.63\times10^{-34}3\times10^8/4\times10^{-7}=5\times10^{-19}\mathrm{J}=3.1$ eV.

**3.** 限界振動数は, $1.8$ eV$/h=1.8\times1.6\times10^{-19}/6.63\times10^{-34}=4.3\times10^{14}$ Hz.

**4.** コンプトン散乱の公式: $\lambda'=\lambda+\dfrac{h}{mc}(1-\cos\phi)$ において, $\phi=90°$ のとき, 波長の増加分である第 2 項は $\dfrac{6.63\times10^{-34}}{9.1\times10^{-31}3\times10^8}=2.4\times10^{-12}\mathrm{m}=0.024$ Å である. よって, $\lambda'=0.071+0.024=0.094$ Å となる.

**5.** 式 (2.34) と $\lambda=c/\nu$ より,
$$\lambda=\left[R\left(\frac{1}{n^2}-\frac{1}{m^2}\right)\right]^{-1}$$
となる. ライマン系列より $n=1$ とし, 式 (2.33) の $R=1.0973\times10^7\,\mathrm{m}^{-1}$ と $m=2,3,4,5$ を代入すると, それぞれ $\lambda=1.2151\times10^{-7}$m, $1.0252\times10^{-7}$m, $9.7208\times10^{-8}$m, $9.4930\times10^{-8}$m となる.

**6.** $\dfrac{1}{2}mv^2=eV$ より, $v=\sqrt{\dfrac{2eV}{m}}=\sqrt{\dfrac{2\times1.6\times10^{-19}\times10^2}{9.1\times10^{-31}}}=0.59\times10^7$ m·s$^{-1}$. $\dfrac{0.59\times10^7}{3\times10^8}=0.020$, すなわち, 光速の 2 % である.

**7.** $\lambda=\dfrac{h}{mv}=\dfrac{6.6\times10^{-34}}{0.14\times(150\times10^3/3600)}=1.1\times10^{-34}$ m.

## 第 3 章

**1.** 図のように，衝立上に間隔 $d$ だけ離れた幅 $a$ の複スリットに垂直に入射する波長 $\lambda$ の波が，$L$ だけ離れたスクリーン上の点 P に作る合成波を考える（$L \gg d \gg a$ とする）．$S_{1(2)}$ だけを開けたときの波を $h_{1(2)}$ とすれば，$S_1$, $S_2$ ともに開けたときの波 $h$ は，ホイヘンスの原理によって，その重ね合わせで与えられる．

　複スリットの中点 O から見て，点 P は角度 $\theta$ の方向にあるとして，$h$ を求める．同時刻にスリット上にくる平面波の位相と振幅は同じであるので，振幅を $A_0$ とし，位相は中点 O から出た 2 次波もあるとしたときの点 P での位相を $\alpha$ となるとする．そうすると，スリット $S_1, S_2$ を通過する波の合成波 $h_1$, $h_2$ の和として，$h$ は以下のように表せる．

$$h(\theta) = h_1(\theta) + h_2(\theta)$$

$$h_1(\theta) = \int_{d/2-a/2}^{d/2+a/2} A_0 \sin\left(\alpha - x\sin\theta\frac{2\pi}{\lambda}\right) \mathrm{d}x$$

$$= (aA_0)\sin\left(\alpha - \frac{\pi d}{\lambda}\sin\theta\right)\frac{\sin\left(\frac{\pi a\sin\theta}{\lambda}\right)}{\frac{\pi a\sin\theta}{\lambda}}$$

$$h_2(\theta) = \int_{-d/2+a/2}^{-d/2+a/2} A_0 \sin\left(\alpha - x\sin\theta\frac{2\pi}{\lambda}\right) \mathrm{d}x$$

$$= (aA_0)\sin\left(\alpha + \frac{\pi d}{\lambda}\sin\theta\right)\frac{\sin\left(\frac{\pi a\sin\theta}{\lambda}\right)}{\frac{\pi a\sin\theta}{\lambda}}$$

よって，

$$h(\theta) = (2aA_0\sin\alpha)\frac{\sin X}{X}\cos\left(\frac{\pi d\sin\theta}{\lambda}\right)$$

$$X = \frac{\pi a\sin\theta}{\lambda}$$

波の強度は合成波の絶対値の 2 乗に比例するので，スリットを両方とも開けた場合の合成波の強度 $I$ は

$$I(\theta) \propto \left(\frac{\sin X}{X}\right)^2\left(\cos\left(\frac{\pi d\sin\theta}{\lambda}\right)\right)^2$$

となり，図 3.1 の電子の干渉実験の結果が得られる．ここで，$(\sin X/X)^2$ は強度関数 $I$ の包絡線を与え，$(\cos(\pi d\sin\theta/\lambda))^2$ が強度の振動を与えている．強度の振動を与える項 $\cos(\pi d\sin\theta/\lambda)^2$ が 1（最大値）になる条件から，式 (3.4) が得られる．

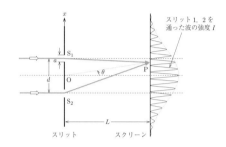

**2.** $\widehat{p_x} = -i\hbar\dfrac{\partial}{\partial x}$, $\widehat{p_x^2} = -i\hbar\dfrac{\partial}{\partial x}\left(-i\hbar\dfrac{\partial}{\partial x}\right)$

$$= -\hbar^2\frac{\partial^2}{\partial x^2} \text{ などより，}$$

(a) $-\dfrac{\hbar^2}{2m}\dfrac{\mathrm{d}^2 u}{\mathrm{d}x^2} = Eu$

(b) $-\dfrac{\hbar^2}{2m}\dfrac{\mathrm{d}^2 u}{\mathrm{d}x^2} + \dfrac{1}{2}m\omega^2 x^2 u = Eu$

(c) $-\dfrac{\hbar^2}{2m}\left(\dfrac{\partial^2 u}{\partial x^2} + \dfrac{\partial^2 u}{\partial y^2}\right) +$
$\quad V(x,y)u = Eu$

**3.** (a) $\widehat{l_x} = y\left(-i\hbar\dfrac{\partial}{\partial z}\right) - z\left(-i\hbar\dfrac{\partial}{\partial y}\right)$

$$= -i\hbar\left(y\frac{\partial}{\partial z} - z\frac{\partial}{\partial y}\right)$$

(b) $\widehat{l_y} = z\left(-i\hbar\dfrac{\partial}{\partial x}\right) - x\left(-i\hbar\dfrac{\partial}{\partial z}\right)$

$$= -i\hbar\left(z\frac{\partial}{\partial x} - x\frac{\partial}{\partial z}\right)$$

(c) $\widehat{l_z} = x\left(-i\hbar\dfrac{\partial}{\partial y}\right) - y\left(-i\hbar\dfrac{\partial}{\partial x}\right)$

$$= -i\hbar\left(x\frac{\partial}{\partial y} - y\frac{\partial}{\partial x}\right)$$

**4.** 物理量を $A$, 固有値を $a$, 固有関数

をφとすれば，$\widehat{A}\varphi = a\varphi$. また，$\widehat{A^2}\varphi = a\widehat{A}\varphi = a^2\varphi$ となるので，（φ が規格化されているとして）

$$\langle A\rangle = \int \varphi^*\widehat{A}\varphi\,d\tau = a\int\varphi^*\varphi\,d\tau = a$$

$$\langle A^2\rangle = \int\varphi^*\widehat{A^2}\varphi\,d\tau = a^2\int\varphi^*\varphi\,d\tau = a^2$$

よって，

$$\Delta A = \sqrt{\langle A^2\rangle - \langle A\rangle^2} = 0$$

となる．すなわち，期待値は $a$，期待値のまわりの測定値の分布の広がりは 0 になるので，固有値 $a$ が確定値として測定されることが示された．

**5.** $\phi_k = \dfrac{1}{\sqrt{L}}e^{ikx}$, $k = n\dfrac{2\pi}{L}$. $n$ は整数．重なり積分，$\displaystyle\int_0^L \phi_{k'}^*\phi_k\,dx = \dfrac{1}{L}\int_0^L e^{i(-k'+k)x}\,dx$ は，$k' = k$ の場合，被積分関数は 1 になるから，1 となる．$k' \neq k$ の場合，積分値 $\dfrac{1}{L}\dfrac{e^{i2\pi(-n'+n)}-1}{i(-k'+k)}$ は，（$n-n'$ がゼロでない整数となって $e^{i2\pi(-n'+n)} = 1$ となるから）0 となる．すなわち，規格直交性 $\displaystyle\int_0^L \phi_{k'}^*\phi_k\,dx = \delta_{k'k}$ を得る．

**6.** 固有値方程式 $\widehat{A}u = au$. よって，$\widehat{A^n}u = \widehat{A^{n-1}}\widehat{A}u = a\widehat{A^{n-1}}u = \cdots = a^n u$. すなわち，$\widehat{A^n}u = a^n u$.

**7.** 部分積分によって，

$$\int_{-\infty}^{\infty}\left(-i\hbar\frac{\partial}{\partial x}\phi_1\right)^*\phi_2\,dx$$
$$= i\hbar\left[\phi_1^*\phi_2\right]_{-\infty}^{\infty} + \int_{-\infty}^{\infty}\phi_1^*\left(-i\hbar\frac{\partial}{\partial x}\phi_2\right)dx$$

を得る．題意によって上式右辺第1項は消えるから，上式はエルミート性の要件（式 (3.41)）に等しい．す

なわち，無限遠で波動関数が十分速くゼロに近づく場合，$\widehat{p_x}$ をエルミート演算子とみなしてよいことが示された．

**第4章**

**1.** 単位について:J·s=kg·m²/s, Hz=1/s

(a) $L = 1\overset{\circ}{A} = 1\times10^{-10}$ m，$m = 9.1\times10^{-31}$ kg

$$\frac{3h}{8mL^2} =$$
$$\frac{3\times6.6\times10^{-34}\,\text{kg}\cdot\text{m}^2/\text{s}}{9.1\times10^{-31}\text{kg}\times10^{-20}\,\text{m}^2\times8}$$
$$= 2.7\times10^{16}\ \text{Hz}$$

（紫外線領域の振動数）

(b) $L = 1\times10^{-4}\overset{\circ}{A} = 1\times10^{-14}$ m，$m = 1.7\times10^{-27}$ kg

$$\frac{3h}{8mL^2} =$$
$$\frac{3\times6.6\times10^{-34}\,\text{kg}\cdot\text{m}^2/\text{s}}{1.7\times10^{-27}\,\text{kg}\times10^{-28}\,\text{m}^2\times8}$$
$$= 1.5\times10^{21}\ \text{Hz}$$

（X 線，ガンマ線領域の振動数）

なお，原子の直径は $\overset{\circ}{A}$ 程度，原子核の直径は $10^{-4}\ \overset{\circ}{A}$ 程度なので，(a)，(b) はそれぞれ原子の電子，原子核内の陽子が吸収・放出する電磁波の振動数の大きさの程度を与える．

**2.** $\langle x\rangle$ と $\langle x^2\rangle$ を求めるときに以下の式 (Ans.1), (Ans.2) を用いる．

$\sin^2(kx) = [1 - \cos(2kx)]/2$ と部分積分の公式より，$k$ が定数のとき，

$$\int x\sin^2(kx)\,dx$$
$$= \int \frac{x - x\cos(2kx)}{2}\,dx$$
$$= \frac{x^2}{4} - x\frac{\sin(2kx)}{4k} + \int\frac{\sin(2kx)}{4k}\,dx$$
$$= \frac{x^2}{4} - x\frac{\sin(2kx)}{4k} - \frac{\cos(2kx)}{8k^2}$$

(Ans.1)

$$\int x^2 \sin^2(kx)\,dx$$

$$= \int \frac{x^2 - x^2 \cos(2kx)}{2}\,dx$$

$$= \frac{x^3}{6} - x^2 \frac{\sin(2kx)}{4k}$$

$$\quad + \int 2x \frac{\sin(2kx)}{4k}\,dx$$

$$= \frac{x^3}{6} - x^2 \frac{\sin(2kx)}{4k}$$

$$\quad - x\frac{\cos(2kx)}{4k^2} + \int \frac{\cos(2kx)}{4k^2}\,dx$$

$$= \frac{x^3}{6} - \left(\frac{x^2}{4k} - \frac{1}{8k^3}\right)\sin(2kx)$$

$$\quad - x\frac{\cos(2kx)}{4k^2} \qquad \text{(Ans.2)}$$

波動関数 $u_n(x) = \sqrt{\dfrac{2}{L}}\sin\left(\dfrac{n\pi}{L}x\right)$ に対応する $\langle x \rangle$ と $\langle x^2 \rangle$ は以下のように計算できる．ここで $k = n\pi/L$ として式 (Ans.1), (Ans.2) を式 (Ans.3), (Ans.4) にそれぞれ用いた．

$$\langle x \rangle = \int x|u_n|^2\,dx$$

$$= \frac{2}{L}\int_0^L x\sin^2\left(\frac{n\pi}{L}x\right)\,dx$$

$$= \frac{L}{2} \qquad \text{(Ans.3)}$$

$$\langle x^2 \rangle = \int x^2|u_n|^2\,dx$$

$$= \frac{2}{L}\int_0^L x^2\sin^2\left(\frac{n\pi}{L}x\right)\,dx$$

$$= L^2\left(\frac{1}{3} - \frac{1}{2n^2\pi^2}\right)$$
$$\text{(Ans.4)}$$

式 (Ans.3), (Ans.4) より

$$\Delta x = \sqrt{\langle x^2 \rangle - \langle x \rangle^2}$$

$$= L\sqrt{\frac{1}{12} - \frac{1}{2n^2\pi^2}} \quad \text{(Ans.5)}$$

一方，$\langle p \rangle$ と $\langle p^2 \rangle$ は以下のように計算できる．

$$\langle p \rangle = \frac{2}{L}\int_0^L \sin\left(\frac{n\pi}{L}x\right)\frac{\hbar}{i}\frac{n\pi}{L}\cos\left(\frac{n\pi}{L}x\right)dx$$

$$= \frac{n\pi}{L^2}\frac{\hbar}{i}\int_0^L \sin\left(2\frac{n\pi}{L}x\right)\,dx$$

$$= \frac{n\pi}{L^2}\frac{\hbar}{i}\frac{L}{2n\pi}\left[-\cos\left(2\frac{n\pi}{L}x\right)\right]_0^L$$

$$= 0 \qquad \text{(Ans.6)}$$

$$\langle p^2 \rangle = \frac{2}{L}\int_0^L \sin\left(\frac{n\pi}{L}x\right)\hbar^2\frac{n^2\pi^2}{L^2}\sin\left(\frac{n\pi}{L}x\right)dx$$

$$= \frac{\hbar^2 n^2\pi^2}{L^3}\int_0^L 1 - \cos\left(2\frac{n\pi}{L}x\right)\,dx$$

$$= \frac{\hbar^2 n^2\pi^2}{L^3}\left[x - \frac{L}{2n\pi}\sin\left(2\frac{n\pi}{L}x\right)\right]_0^L$$

$$= \frac{\hbar^2 n^2\pi^2}{L^2} \qquad \text{(Ans.7)}$$

式 (Ans.6), (Ans.7) より

$$\Delta p = \sqrt{\langle p^2 \rangle - \langle p \rangle^2} = \frac{n\pi\hbar}{L}$$
$$\text{(Ans.8)}$$

式 (Ans.5), (Ans.8) より

$$\Delta x \Delta p = \frac{\hbar}{2}\sqrt{\frac{n^2\pi^2}{3} - 2}$$
$$\text{(Ans.9)}$$

ここで $n \geq 1$, $\pi = 3.141592\cdots > 3$, すなわち $n^2\pi^2 > 9$ であるから，$\Delta x\,\Delta p > \hbar/2$ が成り立つ．

**3.** 節 4.3 の「有限の深さの井戸型ポテンシャルでの束縛状態」の奇関数解（すなわち $n$ が偶数の $u_n(x), E_n$）は

$x = 0$ で波動関数 $u(x)$ がゼロになるので，本問題の解となる（偶関数解は許されない）．

4. オイラーの公式を用いると
$$e^{-i\beta L} - e^{i\beta L} = -2i\sin(\beta L),$$
$$e^{-i\beta L} + e^{i\beta L} = 2\cos(\beta L)$$
これを式 (4.84), (4.85) に代入すると
$$T = \left| \frac{2k\beta}{-i\sin(\beta L)(k^2+\beta^2)+2k\beta\cos(\beta L)} \right|^2$$
$$= \frac{4k^2\beta^2}{\sin^2(\beta L)(k^2+\beta^2)^2+4k^2\beta^2\cos^2(\beta L)}$$
$$\text{(Ans.10)}$$
$$R = \left| \frac{-i\sin(\beta L)(k^2-\beta^2)}{-i\sin(\beta L)(k^2+\beta^2)+2k\beta\cos(\beta L)} \right|^2$$
$$= \frac{\sin^2(\beta L)(k^2-\beta^2)^2}{\sin^2(\beta L)(k^2+\beta^2)^2+4k^2\beta^2\cos^2(\beta L)}$$
$$\text{(Ans.11)}$$
式 (Ans.10), (Ans.11) の分母は $(k^2+\beta^2)^2 = (k^4+\beta^4+2k^2\beta^2)$ と $\cos^2(\beta L) = 1 - \sin^2(\beta L)$ を用いると，$\sin^2(\beta L)(k^2-\beta^2)^2+4k^2\beta^2$ と変形でき，これと式 (Ans.10), (Ans.11) の分子を比較すると $R+T=1$ が成り立っていることがわかる．

## 第5章

1. 式 (B.24) の $l_z = \dfrac{\hbar}{i}\dfrac{\partial}{\partial \phi}$ より，任意の関数 $u(\phi)$ に対して
$$[\phi, l_z]\, u(\phi)$$
$$= \phi\frac{\hbar}{i}\frac{\partial}{\partial\phi}u(\phi) - \frac{\hbar}{i}\frac{\partial}{\partial\phi}[\phi u(\phi)]$$
$$= \phi\frac{\hbar}{i}\frac{\partial}{\partial\phi}u(\phi)$$
$$\quad - \frac{\hbar}{i}u(\phi) - \frac{\hbar}{i}\phi\frac{\partial}{\partial\phi}u(\phi)$$
$$= i\hbar u(\phi) \qquad \text{(Ans.12)}$$
となる．よって，$u(\phi)$ は任意により $[\phi, l_z] = i\hbar$ となる．

2. 1つの状態は主量子数 $n$，軌道角運動量 $l$，磁気量子数 $m$，スピン量子数 $m_s$ で表される．ある $n$ に対して，

$l = 0, 1, 2, \cdots, n-1$, $m = -l, -l+1, \cdots, l-1, l$, $m_s = 1/2, -1/2$ の状態がある．したがって，
$$\sum_{l=0}^{n-1} 2(2l+1) = 2\left[2\frac{n(n-1)}{2}+n\right] = 2n^2$$
となる．

3. 一様密度をもつ質量 $M$，半径 $a$ の球が $z$ 軸を回転軸として角速度 $\omega$ で回転している（図 Ans.1 参照）．球の角運動量 $L_z$ は球の $z$ 軸に関する慣性モーメントを $I_z$ として $L_z = I_z\omega$ によって表される．電子のスピン角運動量は $\hbar/2$ より，$L_z = I_z\omega = \dfrac{\hbar}{2}$ とおくことで $\omega = \dfrac{\hbar}{2I_z}$ が得られる．ここで球の $I_z$ は一様密度を $\sigma\left(= \dfrac{M}{4\pi a^3/3}\right)$ として

$$I_z = \sigma\int_0^{2\pi}\int_0^\pi\int_0^a (r\sin\theta)^2 r^2\sin\theta\,\mathrm{d}r\,\mathrm{d}\theta\,\mathrm{d}\phi$$
$$= \sigma 2\pi\frac{a^5}{5}\int_0^\pi (\sin\theta - \sin\theta\cos^2\theta)\,\mathrm{d}\theta$$
$$= \frac{8\sigma\pi a^5}{15} \qquad \text{(Ans.13)}$$

となる．したがって，$\omega = \dfrac{5\hbar}{4Ma^2}$ となり，表面の速さ $v$ は $v = a\omega$ より
$$v = \frac{5\hbar}{4Ma} \qquad \text{(Ans.14)}$$
が得られる．$a = 10^{-15}$ m, $M = 9.1 \times 10^{-31}$ kg, $\hbar = 1.05 \times 10^{-34}$ J·s を式 (Ans.14) に代入すると，$v = 1.4 \times 10^{11}$ m/s となり，これは光速 $c = 3.0 \times 10^8$ m/s の約 470 倍である．この結果は物質の速度は光速を超える事はできないという相対論の原則に反する．したがって，電子のスピンは自転とはみなさない．

**図 Ans.1** $z$ 軸を回転軸として角速度 $\omega$ で回転する球.

**4.** それぞれの電子配置は次のとおりである. $O^{2-}$: $(1s)^2 (2s)^2 (2p)^6$, $Ca^{2+}$: $(1s)^2 (2s)^2 (2p)^6 (3s)^2 (3p)^6$

**5.** 角運動量ベクトル $\boldsymbol{L}$ の場合は式 (5.28) となる. この式から類推すると, $s=1/2$, $m_s=1/2$ のときは,

$$\hbar^2 \left[ \frac{1}{2} \left( \frac{1}{2} +1 \right) - \left( \frac{1}{2} \right)^2 \right] = \frac{\hbar^2}{2}$$

## 第 6 章

**1.** 群速度 $v_g$ は

$$v_g = \frac{1}{\hbar} \frac{\partial E}{\partial k} = \frac{Ba}{\hbar} \sin ka$$

となり, 有効質量 $m^*$ は

$$m^* = \hbar^2 \left( \frac{\partial^2 E}{\partial k^2} \right)^{-1} = \frac{\hbar}{Ba^2} \frac{1}{\cos ka}$$

となる. 下図左右をそれぞれ第 6 章 図 6.13, 6.15 と比較せよ.

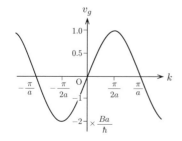

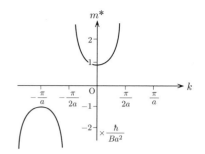

**2.** Si 結晶のバンドギャップ $E_g = 1.11$ eV と常温 (300 K) での熱エネルギー $kT = 0.026$ eV をフェルミ・ディラック分布 $f(E)$ に代入すると,

$$f(1.11) = 5.36 \times 10^{-10}$$

をえる. Si 結晶において常温程度では, 電子はほとんど励起されないことがわかる.

## 第 7 章

**1.** 単位格子には頂点原子が 1 原子, 内部に 1 原子の計 $N = 2$ 原子が含まれる. 一方, 単位格子の高さ $c$ は正 4 面体の高さの 2 倍となる.

$$c = 2\sqrt{\frac{2}{3}} a.$$

したがって, 体積 $V$ は,

$$V = \frac{\sqrt{3}}{2} a^2 \times c = \sqrt{2}\, a^3.$$

したがって, 密度 $n$ は,

$$n = N/V = \sqrt{2} a^{-3}$$

となる. この値は fcc 結晶と同じ値であり, hcp 結晶も稠密な構造となることがわかる.

**2.** 本文の図 7.2 からわかるように, fcc 結晶, bcc 結晶とも第 2 近接原子は立方体の 1 辺の長さ $D$ の位置に 6 個ずつある. 例題 7.1 で計算したとおり, $D$ の大きさは fcc 結晶が,

$\sqrt{2}a = 1.41a$ であるに対し，bcc 結晶では，$D = 2a/\sqrt{3} = 1.15a$ となり，第 1 近接原子の距離 $a$ にかなり近いところにある．そのため，第 1 近接原子だけ着目すれば，結合数が fcc：bcc $= 12：8$ となり fcc の方が有利であるが，軌道の広がりがある程度大きく，結合を bcc の第 2 近接まで考慮すると結合数は fcc：bcc $= 12：14$ となり，一定の条件の下で fcc 構造よりも bcc 構造の方が有利になる場合がある．

**3.** 第 5 章の水素原子中のエネルギー準位について，$\varepsilon_0 \to \varepsilon_0\varepsilon_r$，$m \to m^*$ として，

$$E_\mathrm{d} = -\frac{m^*e^4}{(4\pi\varepsilon_0\varepsilon_r)^2 2\hbar^2}\frac{1}{1^2}$$

$$= -\frac{13.6}{\varepsilon_r^2}\frac{mm^*}{m}\,\mathrm{eV} = -0.032\,\mathrm{eV}$$

となる．実験値（$-0.044$ eV）とはまあまあの一致をみる．常温での熱エネルギーは $kT = 8.62\times10^{-5}\times300 = 0.026$ eV であるから，熱エネルギーとエネルギー準位の値は同程度となり，常温でも電子は十分励起される．また，ドナー準位の軌道半径は

$$a_\mathrm{d} = \frac{4\pi\varepsilon_0\varepsilon_r\hbar^2}{m^*e^2} = 6.24\,\mathring{\mathrm{A}}$$

程度となる．これは Si の原子間距離 $2.35\,\mathring{\mathrm{A}}$ に比べてもかなり大きい．

**4.** 考え方は NPN 型トランジスタと同じである．ただし，PNP 型トランジスタでは正電荷であるホールが電流の担い手になるから，エネルギーの高低が電子とは反対になる（下図で下向きにエネルギーが上昇）．下図 (a) は，バイアスをかけない状態での pnp 接合の様子を表す．n 型である中央のベースの部分に両側の p 型か

らホールが流れ込んで，（ホールからみた）エネルギーが高くなり，（逆）堤防状のバリアができる．

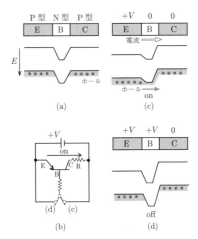

(a)　　　　　　　(c)

(d) (c)

(b)

(d)

次に図 (b) のように，エミッタに適当なバイアス電圧（$+V$）が，ベースには，スイッチによって $+V$（エミッタと同電位）または 0 電位になるような回路を考える．実線 (c) のようにスイッチをベースが 0 電位になるようにすると，エミッタがベースおよびコレクタに対してエネルギー的に高くなり，エミッタからベースを通じてコレクタにホールすなわち電流が流れる（図 (c)：順バイアス状態）．一方，スイッチを (d) にしてベース電圧を $+V$ にすると，コレクタに対し，エミッタ，ベースのエネルギーが高くなるだけで，堤防の高さは高いままの逆バイアス状態となり，電流はほとんど流れない（図 (d)）．こうして，ベース電圧を $0 \to +V$ と切り替えることにより，負荷に流れる電流を電気的に入り切りすることができる．

# 付録A

## A.1  物理定数表

| | | |
|---|---|---|
| 万有引力定数 | $6.67430 \times 10^{-11}$ | $\mathrm{m^3\,kg^{-1}\,s^{-2}}$ |
| 標準重力加速度 | $9.80665$ | $\mathrm{m\,s^{-2}}$ |
| 標準気圧 | $1.01325 \times 10^5$ | $\mathrm{Pa\ (=Nm^{-2})}$ |
| 真空中の光速 $c$ | $2.99792458 \times 10^8$ | $\mathrm{m\,s^{-1}}$ |
| 真空の誘電率 $\varepsilon_0$ | $8.8541878128 \times 10^{-12}$ | $\mathrm{F\,m^{-1}}$ |
| 電気素量 $e$ | $1.602176634 \times 10^{-19}$ | $\mathrm{C}$ |
| 電子の質量 | $9.1093837015 \times 10^{-31}$ | $\mathrm{kg}$ |
| 陽子の質量 | $1.67262192369 \times 10^{-27}$ | $\mathrm{kg}$ |
| 中性子の質量 | $1.67492749804 \times 10^{-27}$ | $\mathrm{kg}$ |
| プランク定数 $h$ | $6.62607015 \times 10^{-34}$ | $\mathrm{J\,s}$ |
| アボガドロ数 | $6.02214076 \times 10^{23}$ | |
| ボルツマン定数 | $1.380649 \times 10^{-23}$ | $\mathrm{J\,K^{-1}}$ |

　上表は，CODATA 2019 年 http://physics.nist.gov/cuu/Constants/index.html による．2019 年 5 月の SI 単位改訂のうち，上表の $c, \varepsilon_0, e, h$ に関連する改訂を以下に示す．「真空の透磁率 $\mu_0$ は定義値 $4\pi \times 10^{-7}$ N/A$^2$ 」は廃止され代わりに $e$ が定義値となった．一方，「 $c$ は定義値」は維持される．したがって，$\varepsilon_0 = 1/(c^2\mu_0)$ の旧 SI での値は定義値だったが，新 SI での値は実験で決定する必要がある（関係式 $c = 1/\sqrt{\varepsilon_0\mu_0}$ は，新旧 SI で共通）．また，kg 原器は廃止され，$h$ が定義値となった．なお，$c(\mathrm{m/s})$ と原子時計で定義される秒 (s) を用いて，メートル (m) が定義される点は変更がない．

## A.2 元素の周期表

| 周期＼族 | 1 | 2 | 3 | 4 | 5 | 6 | 7 | 8 | 9 | 10 | 11 | 12 | 13 | 14 | 15 | 16 | 17 | 18 |
|---|---|---|---|---|---|---|---|---|---|---|---|---|---|---|---|---|---|---|
| 1 | $_1$H | | | | | | | | | | | | | | | | | $_2$He |
| 2 | $_3$Li | $_4$Be | | | | | | | | | | | $_5$B | $_6$C | $_7$N | $_8$O | $_9$F | $_{10}$Ne |
| 3 | $_{11}$Na | $_{12}$Mg | | | | | | | | | | | $_{13}$Al | $_{14}$Si | $_{15}$P | $_{16}$S | $_{17}$Cl | $_{18}$Ar |
| 4 | $_{19}$K | $_{20}$Ca | $_{21}$Sc | $_{22}$Ti | $_{23}$V | $_{24}$Cr | $_{25}$Mn | $_{26}$Fe | $_{27}$Co | $_{28}$Ni | $_{29}$Cu | $_{30}$Zn | $_{31}$Ga | $_{32}$Ge | $_{33}$As | $_{34}$Se | $_{35}$Br | $_{36}$Kr |
| 5 | $_{37}$Rb | $_{38}$Sr | $_{39}$Y | $_{40}$Zr | $_{41}$Nb | $_{42}$Mo | $_{43}$Tc | $_{44}$Ru | $_{45}$Rh | $_{46}$Pd | $_{47}$Ag | $_{48}$Cd | $_{49}$In | $_{50}$Sn | $_{51}$Sb | $_{52}$Te | $_{53}$I | $_{54}$Xe |
| 6 | $_{55}$Cs | $_{56}$Ba | $_{57\sim71}$ | $_{72}$Hf | $_{73}$Ta | $_{74}$W | $_{75}$Re | $_{76}$Os | $_{77}$Ir | $_{78}$Pt | $_{79}$Au | $_{80}$Hg | $_{81}$Tl | $_{82}$Pb | $_{83}$Bi | $_{84}$Po | $_{85}$At | $_{86}$Rn |
| 7 | $_{87}$Fr | $_{88}$Ra | $_{89\sim103}$ | $_{104}$Rf | $_{105}$Db | $_{106}$Sg | $_{107}$Bh | $_{108}$Hs | $_{109}$Mt | | | | | | | | | |

| | | | | | | | | | | | | | | | |
|---|---|---|---|---|---|---|---|---|---|---|---|---|---|---|---|
| ランタノイド $_{57\sim71}$ | $_{57}$La | $_{58}$Ce | $_{59}$Pr | $_{60}$Nd | $_{61}$Pm | $_{62}$Sm | $_{63}$Eu | $_{64}$Gd | $_{65}$Tb | $_{66}$Dy | $_{67}$Ho | $_{68}$Er | $_{69}$Tm | $_{70}$Yb | $_{71}$Lu |
| アクチノイド $_{89\sim103}$ | $_{89}$Ac | $_{90}$Th | $_{91}$Pa | $_{92}$U | $_{93}$Np | $_{94}$Pu | $_{95}$Am | $_{96}$Cm | $_{97}$Bk | $_{98}$Cf | $_{99}$Es | $_{100}$Fm | $_{101}$Md | $_{102}$No | $_{103}$Lr |

元素名の左下の添字の数字は原子番号

# 付録B🌀

## B.1  座標変換 1

$\dfrac{\partial}{\partial x}$, $\dfrac{\partial}{\partial y}$, $\dfrac{\partial}{\partial z}$ を極座標を用いて表す.

図 5.1 により,

$$x = r\sin\theta\cos\phi, \ y = r\sin\theta\sin\phi, \ z = r\cos\theta \tag{B.1}$$

である. よって, $x$ は $r$, $\theta$, $\phi$ の関数だから,

$$\frac{\partial}{\partial x} = \frac{\partial r}{\partial x}\frac{\partial}{\partial r} + \frac{\partial \theta}{\partial x}\frac{\partial}{\partial \theta} + \frac{\partial \phi}{\partial x}\frac{\partial}{\partial \phi} \tag{B.2}$$

$y$, $z$ についても同様である. ここで $r, \theta, \phi$ それぞれの $x, y, z$ による偏微分が計算されていなければならない. 式 (B.1) より

$$r = \sqrt{x^2 + y^2 + z^2} \tag{B.3}$$

$$\cos\theta = \frac{z}{r} \tag{B.4}$$

$$\tan\phi = \frac{y}{x} \tag{B.5}$$

よって, $\dfrac{\partial r}{\partial x} = \dfrac{x}{r}$, 同じく $\dfrac{\partial r}{\partial y} = \dfrac{y}{r}, \dfrac{\partial r}{\partial z} = \dfrac{z}{r}$ である. 式 (B.4) より

$$-\sin\theta\,\frac{\partial\theta}{\partial x} = \frac{-z\frac{\partial r}{\partial x}}{r^2} = -\frac{zx}{r^3} = -\frac{\sin\theta\cos\theta\cos\phi}{r} \tag{B.6}$$

同様にして

$$\frac{\partial\theta}{\partial x} = \frac{\cos\theta\cos\phi}{r} \tag{B.7}$$

$$\frac{\partial \theta}{\partial y} = \frac{\cos \theta \sin \phi}{r} \tag{B.8}$$

$$\frac{\partial \theta}{\partial z} = -\frac{\sin \theta}{r} \tag{B.9}$$

式 (B.5) より

$$\frac{1}{\cos^2 \phi} \frac{\partial \phi}{\partial x} = -\frac{y}{x^2} = -\frac{\sin \phi}{r \sin \theta \cos^2 \phi} \tag{B.10}$$

$$\frac{\partial \phi}{\partial x} = -\frac{\sin \phi}{r \sin \theta} \tag{B.11}$$

同様にして

$$\frac{\partial \phi}{\partial y} = \frac{\cos \phi}{r \sin \theta} \tag{B.12}$$

$$\frac{\partial \phi}{\partial z} = 0 \tag{B.13}$$

よって, 式 (B.2) より

$$\frac{\partial}{\partial x} = \sin \theta \cos \phi \frac{\partial}{\partial r} + \frac{\cos \theta \cos \phi}{r} \frac{\partial}{\partial \theta} - \frac{\sin \phi}{r \sin \theta} \frac{\partial}{\partial \phi} \tag{B.14}$$

を得る. 同様にして

$$\frac{\partial}{\partial y} = \sin \theta \sin \phi \frac{\partial}{\partial r} + \frac{\cos \theta \sin \phi}{r} \frac{\partial}{\partial \theta} + \frac{\cos \phi}{r \sin \theta} \frac{\partial}{\partial \phi} \tag{B.15}$$

$$\frac{\partial}{\partial z} = \cos \theta \frac{\partial}{\partial r} - \frac{\sin \theta}{r} \frac{\partial}{\partial \theta} \tag{B.16}$$

を得る.

## B.2　座標変換 2

---

例題 B.1 の結果を用いて

$$\frac{\partial^2}{\partial x^2} + \frac{\partial^2}{\partial y^2} + \frac{\partial^2}{\partial z^2} =$$

$$\frac{1}{r^2} \frac{\partial}{\partial r} \left( r^2 \frac{\partial}{\partial r} \right) + \frac{1}{r^2 \sin \theta} \frac{\partial}{\partial \theta} \left( \sin \theta \frac{\partial}{\partial \theta} \right) + \frac{1}{r^2 \sin^2 \theta} \frac{\partial^2}{\partial \phi^2} \tag{B.17}$$

を示す.

---

$\dfrac{\partial}{\partial x}, \dfrac{\partial}{\partial y}, \dfrac{\partial}{\partial z}$ を $r, \theta, \phi$ で表した式 (B.14), (B.15), (B.14) を用いて, 2 階微分

方程式を求められる.

$$\frac{\partial^2}{\partial x^2} = \frac{\partial}{\partial x}\left(\frac{\partial}{\partial x}\right)$$

$$= \left(\sin\theta\cos\phi\,\frac{\partial}{\partial r} + \frac{\cos\theta\cos\phi}{r}\,\frac{\partial}{\partial\theta} - \frac{\sin\phi}{r\sin\theta}\,\frac{\partial}{\partial\phi}\right)\cdot$$

$$\left(\sin\theta\cos\phi\,\frac{\partial}{\partial r} + \frac{\cos\theta\cos\phi}{r}\,\frac{\partial}{\partial\theta} - \frac{\sin\phi}{r\sin\theta}\,\frac{\partial}{\partial\phi}\right) \tag{B.18}$$

となって, 最初のカッコの第 1 項が 2 番目のカッコの第 2 項に作用したものを例として示せば

$$\sin\theta\cos\phi\,\frac{\partial}{\partial r}\left(\frac{\cos\theta\cos\phi}{r}\,\frac{\partial}{\partial\theta}\right)$$

$$= -\frac{\sin\theta\cos\theta\cos^2\phi}{r^2}\,\frac{\partial}{\partial\theta} + \frac{\sin\theta\cos\theta\cos^2\phi}{r}\,\frac{\partial^2}{\partial\theta\partial r} \tag{B.19}$$

となる. 同様に計算を行い整理すると $\dfrac{\partial^2}{\partial r^2}, \dfrac{\partial^2}{\partial\theta^2}, \dfrac{\partial^2}{\partial\phi^2}, \dfrac{\partial}{\partial r}, \dfrac{\partial}{\partial\theta}$ の係数だけが 0 とならず,

$$\frac{\partial^2}{\partial x^2} + \frac{\partial^2}{\partial y^2} + \frac{\partial^2}{\partial z^2} = \frac{\partial^2}{\partial r^2} + \frac{2}{r}\,\frac{\partial}{\partial r} + \frac{\cos\theta}{r^2\sin\theta}\,\frac{\partial}{\partial\theta} + \frac{1}{r^2}\,\frac{\partial^2}{\partial\theta^2} + \frac{1}{r^2\sin^2\theta}\,\frac{\partial^2}{\partial\phi^2} \tag{B.20}$$

を得る. 右辺は

$$\frac{1}{r^2}\,\frac{\partial}{\partial r}\left(r^2\,\frac{\partial}{\partial r}\right) + \frac{1}{r^2\sin\theta}\,\frac{\partial}{\partial\theta}\left(\sin\theta\,\frac{\partial}{\partial\theta}\right) + \frac{1}{r^2\sin^2\theta}\,\frac{\partial^2}{\partial\phi^2} \tag{B.21}$$

に等しい.

## B.3　$L_x, L_y, L_z$ について

例題 B.1 の結果を用いて

$$-\frac{L_x}{i\hbar} = -\sin\phi\,\frac{\partial}{\partial\theta} - \cot\theta\cos\phi\,\frac{\partial}{\partial\phi} \tag{B.22}$$

$$-\frac{L_y}{i\hbar} = \cos\phi\,\frac{\partial}{\partial\theta} - \cot\theta\sin\phi\,\frac{\partial}{\partial\phi} \tag{B.23}$$

$$-\frac{L_z}{i\hbar} = \frac{\partial}{\partial\phi} \tag{B.24}$$

を示す.

$$L_x = yp_z - zp_y = -i\hbar \left( y\frac{\partial}{\partial z} - z\frac{\partial}{\partial y} \right), \quad L_y = zp_x - xp_z = -i\hbar \left( z\frac{\partial}{\partial x} - x\frac{\partial}{\partial z} \right),$$

$$L_z = xp_y - yp_x = -i\hbar \left( x\frac{\partial}{\partial y} - y\frac{\partial}{\partial x} \right) \text{ を用いる.}$$

$$-\frac{L_x}{i\hbar} = y\frac{\partial}{\partial z} - z\frac{\partial}{\partial y}$$

$$= r\sin\theta\sin\phi \left( \cos\theta\frac{\partial}{\partial r} - \frac{\sin\theta}{r}\frac{\partial}{\partial\theta} \right)$$

$$- r\cos\theta \left( \sin\theta\sin\phi\frac{\partial}{\partial r} + \frac{\cos\theta\sin\phi}{r}\frac{\partial}{\partial\theta} + \frac{\cos\phi}{r\sin\theta}\frac{\partial}{\partial\phi} \right)$$

$$= -\left( \sin^2\theta\sin\phi + \cos^2\theta\sin\phi \right)\frac{\partial}{\partial\theta} - \frac{\cos\theta\cos\phi}{\sin\theta}\frac{\partial}{\partial\phi}$$

$$= -\sin\phi\frac{\partial}{\partial\theta} - \cot\theta\cos\phi\frac{\partial}{\partial\phi} \tag{B.25}$$

$$-\frac{L_y}{i\hbar} = z\frac{\partial}{\partial x} - x\frac{\partial}{\partial z}$$

$$= r\cos\theta \left( \sin\theta\cos\phi\frac{\partial}{\partial r} + \frac{\cos\theta\cos\phi}{r}\frac{\partial}{\partial\theta} - \frac{\sin\phi}{r\sin\theta}\frac{\partial}{\partial\phi} \right)$$

$$- r\sin\theta\cos\phi \left( \cos\theta\frac{\partial}{\partial r} - \frac{\sin\theta}{r}\frac{\partial}{\partial\theta} \right)$$

$$= \left( \cos^2\theta\cos\phi + \sin^2\theta\cos\phi \right)\frac{\partial}{\partial\theta} - \frac{\cos\theta\sin\phi}{\sin\theta}\frac{\partial}{\partial\phi}$$

$$= \cos\phi\frac{\partial}{\partial\theta} - \frac{\cos\theta\sin\phi}{\sin\theta}\frac{\partial}{\partial\phi} \tag{B.26}$$

$$-\frac{L_z}{i\hbar} = x\frac{\partial}{\partial y} - y\frac{\partial}{\partial x}$$

$$= r\sin\theta\cos\phi \left( \sin\theta\sin\phi\frac{\partial}{\partial r} + \frac{\cos\theta\cos\phi}{r}\frac{\partial}{\partial\theta} + \frac{\cos\phi}{r\sin\theta}\frac{\partial}{\partial\phi} \right)$$

$$- r\sin\theta\sin\phi \left( \sin\theta\cos\phi\frac{\partial}{\partial r} + \frac{\cos\theta\cos\phi}{r}\frac{\partial}{\partial\theta} - \frac{\sin\phi}{r\sin\theta}\frac{\partial}{\partial\phi} \right)$$

$$= \frac{\partial}{\partial\phi} \tag{B.27}$$

## B.4 Λ について

例題 B.3 の結果を用いて
$$\Lambda = \frac{L_x{}^2 + L_y{}^2 + L_z{}^2}{\hbar^2} = \frac{\boldsymbol{L}^2}{\hbar^2} \tag{B.28}$$
を示す.

$$-\frac{L_x{}^2}{\hbar^2} = -\frac{L_x}{i\hbar}\left(-\frac{L_x}{i\hbar}\right)$$

$$= \left(-\sin\phi\,\frac{\partial}{\partial\theta} - \cot\theta\cos\phi\,\frac{\partial}{\partial\phi}\right)\left(-\sin\phi\,\frac{\partial}{\partial\theta} - \cot\theta\cos\phi\,\frac{\partial}{\partial\phi}\right)$$

$$= \sin^2\phi\,\frac{\partial^2}{\partial\theta^2} + \left(\frac{\partial}{\partial\theta}\cot\theta\right)\sin\phi\cos\phi\,\frac{\partial}{\partial\phi} + \cot\theta\cos\phi\sin\theta\,\frac{\partial^2}{\partial\phi\partial\theta}$$

$$\quad + \cot\theta\cos^2\phi\,\frac{\partial}{\partial\theta} + \cot\theta\cos\phi\sin\phi\,\frac{\partial^2}{\partial\phi\partial\theta}$$

$$\quad - \cot^2\theta\cos\phi\sin\phi\,\frac{\partial}{\partial\phi} + \cot^2\theta\cos^2\phi\,\frac{\partial^2}{\partial\phi^2} \tag{B.29}$$

$$-\frac{L_y{}^2}{\hbar^2} = -\frac{L_y}{i\hbar}\left(-\frac{L_y}{i\hbar}\right)$$

$$= \left(\cos\phi\,\frac{\partial}{\partial\theta} - \cot\theta\sin\phi\,\frac{\partial}{\partial\phi}\right)\left(\cos\phi\,\frac{\partial}{\partial\theta} - \cot\theta\sin\phi\,\frac{\partial}{\partial\phi}\right)$$

$$= \cos^2\phi\,\frac{\partial^2}{\partial\theta^2} + \frac{1}{\sin^2\theta}\sin\phi\cos\phi\,\frac{\partial}{\partial\phi} - \cot\theta\sin\phi\cos\phi\,\frac{\partial^2}{\partial\phi\partial\theta}$$

$$\quad + \cot\theta\sin^2\phi\,\frac{\partial}{\partial\theta} - \cot\theta\sin\phi\cos\phi\,\frac{\partial^2}{\partial\phi\partial\theta}$$

$$\quad + \cot^2\theta\sin\phi\cos\phi\,\frac{\partial}{\partial\phi} + \cot^2\theta\sin^2\phi\,\frac{\partial^2}{\partial\phi^2} \tag{B.30}$$

$$\frac{L_z{}^2}{\hbar^2} = \frac{\partial^2}{\partial\phi^2} \tag{B.31}$$

係数について調べると

$$\frac{\partial^2}{\partial\theta^2} : \sin^2\phi + \cos^2\phi = 1$$

$$\frac{\partial}{\partial\phi} : -\frac{\sin\phi\cos\phi}{\sin^2\theta} - \cot^2\theta\cos\phi\sin\phi + \frac{\sin\phi\cos\phi}{\sin^2\theta} + \cot^2\theta\sin\phi\cos\phi = 0$$

$$\frac{\partial}{\partial\theta} : \cot\theta\cos^2\phi + \cot\theta\sin^2\phi = \frac{\cos\theta}{\sin\theta}$$

$$\frac{\partial^2}{\partial\phi\partial\theta} : \cot\theta\cos\phi\sin\phi + \cot\theta\cos\phi\sin\phi - \cot\theta\sin\phi\cos\phi - \cot\theta\sin\phi\cos\phi = 0$$

$$\frac{\partial^2}{\partial\phi^2} : 1 + \cot^2\phi = \frac{1}{\sin^2\phi}$$

となる．したがって

$$-\frac{\boldsymbol{L}^2}{\hbar^2} = \frac{\partial^2}{\partial\theta^2} + \cot\theta\frac{\partial}{\partial\theta} + \frac{1}{\sin^2\theta}\frac{\partial^2}{\partial\phi^2}$$

$$= \frac{1}{\sin\theta}\frac{\partial}{\partial\theta}\left(\sin\theta\frac{\partial}{\partial\theta}\right) + \frac{1}{\sin^2\theta}\frac{\partial^2}{\partial\phi^2} = -\Lambda \tag{B.32}$$

より

$$\Lambda = \frac{\boldsymbol{L}^2}{\hbar^2} \tag{B.33}$$

となる．

# 索　　引

# 量子力学入門 ― 物質科学の基礎 ―

| | | |
|---|---|---|
| 2006 年 4 月 20 日 | 第 1 版 第 1 刷 | 発行 |
| 2007 年 3 月 10 日 | 第 1 版 第 2 刷 | 発行 |
| 2008 年 9 月 30 日 | 第 2 版 第 1 刷 | 発行 |
| 2010 年 10 月 30 日 | 第 3 版 第 1 刷 | 発行 |
| 2023 年 3 月 10 日 | 第 3 版 第 8 刷 | 発行 |

著　者　　星野　敏春　　浅田　寿生
　　　　　藤間　信久　　田村　　了
　　　　　古門　聡士

発 行 者　　発田和子

発 行 所　　株式会社　学術図書出版社

〒113-0033　東京都文京区本郷 5 丁目 4 の 6
TEL 03-3811-0889　振替 00110-4-28454
印刷　(株) かいせい